AF452305

CONSIDÉRATIONS

SUR

LA TAILLE

DES ARBRES A FRUIT;

Par M. SAGERET,

MEMBRE DE LA SOCIÉTÉ ROYALE ET CENTRALE D'AGRICULTURE.

A PARIS,

DE L'IMPRIMERIE DE MADAME HUZARD;

(NÉE VALLAT LA CHAPELLE),

Rue de l'Eperon-Saint-André-des-Arts, n°. 7.

1818.

CONSIDÉRATIONS

SUR

LA TAILLE

DES ARBRES A FRUIT (1).

Les considérations que je présente ici sur la taille des arbres fruitiers, ne sont pas le résultat d'une longue pratique de cet art ; elles m'ont tout simplement été suggérées par les observations que j'ai eu occasion de faire sur leur végétation. Occupé, depuis quelques années, d'expériences particulières sur ces arbres, et sur plusieurs de leurs espèces et variétés, dans un tout autre but que celui qu'on se propose ordinairement dans leur culture, je n'ai pu me livrer à ces expériences sans examiner de très-près le mode de leur végétation et de leur fructification, et j'ai été très-étonné

---

(1) Extrait des *Annales de l'Agriculture française*, 2ᵉ. série, tome IV.

1 *

de les trouver absolument en contradiction avec la méthode de taille pratiquée le plus ordinairement.

C'est du poirier et du pommier dont je me suis le plus occupé ; c'est d'eux seuls que je vais parler ici. Je pense néanmoins que, de ce que j'ai à dire sur eux , il sera possible de tirer quelques inductions relatives à la taille de plusieurs autres espèces d'arbres.

Je dois faire observer que , pour le moment, je ne m'occuperai nullement de la taille considérée dans ses rapports avec la direction des arbres , soit en espaliers , soit soumise à toute autre forme , d'usage , de mode ou de caprice, bien ou mal raisonnée, comme contre-espalier, buisson, quenouille, pyramide, etc. : je n'entends parler que de la taille en elle-même , c'est-à-dire de l'arbre taillé simplement dans la vue de lui faire porter son fruit, et contrarié le moins possible dans sa forme et dans son port naturel.

Je sens bien qu'on m'objectera qu'il est impossible de considérer les arbres à fruits , ceux du moins qui sont dans nos jardins, abstraction faite de leur forme, de la direction quelconque à laquelle on ne peut guère s'empêcher de les assujettir, ne fût-ce que pour la régularité ; qu'on me dira qu'un arbre, tel que je veux me le figurer,

serait un être idéal , dont il ne pourrait se trouver
de modèle que dans l'état sauvage : il me semble
cependant que , mon intention étant de considérer
la taille en elle-même , et seulement sous le rapport de la production des fruits et du bois qui
doit en être le support, ce qui est son premier
et son plus essentiel but, je ne puis me dispenser
de la considérer isolément, pour ne pas compli-
quer mon sujet, sauf à revenir une autre fois sur
ce point, s'il y a lieu , en passant du simple au
composé.

En effet, dans la taille des espaliers , le but
n'étant pas seulement de se procurer des fruits
pour le moment , mais de prévoir à l'avance les
moyens de tenir toujours le mur garni , et les
branches à bois et à fruits qui doivent le tapisser
toujours également exposées à l'action bienfai-
sante de l'air et du soleil , cette taille devient un
art très-compliqué ; et, dès que l'on veut assujettir un arbre à une forme quelconque , qui n'est
pas la sienne propre, il est évident que, dès le premier pas que l'on fait pour y parvenir, il faut dévier des principes et commencer par contrarier sa
manière d'être : il devient donc dès-lors très-
difficile, sinon impossible, de juger ce qui serait
arrivé s'il eût été abandonné à lui-même, comme
il est impossible aussi, une fois que sa manière

d'être est dérangée, d'y revenir, ou même de s'en rapprocher.

Un travail préliminaire , essentiel à tous ceux qui s'occupent soit de la pratique de la taille , soit d'en donner des leçons , eût été d'étudier ~~auparavant~~ la végétation des arbres naturels en premier lieu , puis celle des arbres soumis à la culture, modifiés par la transplantation , la greffe , le semis ; de suivre la végétation de ces derniers, lorsqu'après avoir subi une ou plusieurs de ces opérations , ils sont abandonnés à eux-mêmes, comme dans nos vergers : c'eût été le moyen de se mettre en état de juger de l'influence de la taille sur eux , et des contrariétés plus ou moins grandes qu'elle oppose à leur manière d'être , des modifications que ses principes généraux doivent subir en raison des différences que ces arbres présentent, afin d'être en état d'éviter, autant que possible, de contrarier la marche particulière à chacun d'eux, et la marche générale à l'espèce entière , soit par l'opération de la taille elle-même, soit dans la direction à laquelle on se propose de les assujettir (1).

____

(1) Celui qui n'a vu que les arbres de son jardin, n'a rien vu. La végétation d'un arbre taillé ne donne aucune idée de la végétation qui lui est naturelle ; c'est la nature qu'il faut étudier.

Cette étude préliminaire a-t-elle été faite par un grand nombre d'auteurs ou de praticiens? cela est fort douteux; car, à quelques exceptions près, la plupart n'ont été que copistes ou imitateurs. Parmi les praticiens, combien d'entre eux croiraient n'avoir point taillé, s'ils n'avaient touché indistinctement à toutes les branches! combien d'entre eux n'ont-ils pas une si grande habitude de rogner et de raccourcir, que la branche même la mieux faite, la mieux placée, réunissant enfin toutes les qualités convenables, ne peut échapper à leur serpette! La taille, dans leurs mains, au lieu d'être le retranchement des branches mortes, malades, mal placées, mal faites, ou se gênant mutuellement par leur trop grand nombre, la suppression même des gourmands qui, dans plusieurs cas, attirant toute la sève à eux, peuvent être nuisibles; la taille, dis-je, exécutée par des gens éclairés, remplirait sans doute une partie de ces fonctions, tandis que, pour eux, elle n'est que le raccourcissement universel de toutes les branches, raccourcissement bien ou mal raisonné, mais toujours rigoureusement exécuté, de telle sorte qu'il semblerait qu'à leur compte la nature n'a pu rien faire de bien, et qu'il faut, pour être parfait, que tout ait passé par leurs mains.

Mais, pour celui qui a étudié la marche naturelle de la végétation et de la fructification du poirier et du pommier, et qui a sous les yeux deux arbres voisins, de structure et d'espèce pareilles, dont l'un vient d'être taillé, et l'autre reste à tailler, la première idée qui se présente est celle-ci :

Il remarque d'abord que, quelles que soient l'habileté et les connaissances pratiques ou raisonnées du jardinier, presque toutes les parties retranchées de l'arbre taillé sont celles sur lesquelles les plus belles rosettes et lambourdes se seraient manifestées dans le printemps succédant à la taille. La chose deviendra pour lui de la dernière évidence, s'il veut bien comparer l'année suivante ces deux mêmes arbres, l'un taillé, l'autre non taillé, placés à côté l'un de l'autre.

Par une conséquence inévitable, il est également évident que la même taille ayant eu lieu précédemment, et devant successivement avoir lieu tous les ans de la même manière sur cet arbre, ses effets ont été, sont et seront toujours les mêmes, et qu'il en résultera constamment le retranchement des parties sur lesquelles se seraient annuellement formées les plus belles rosettes, et conséquemment les plus beaux fruits.

Il remarque, en outre, qu'à chaque année la taille ayant raccourci toutes les branches, à l'extrémité de la partie restante de chacune d'elles, s'est formé un coude, en sorte que si un tel arbre a vécu cent ans, ou a cent ans à vivre, autant il s'y trouvera de coudes et de nœuds multipliés par le nombre de ses branches, comme également autant de fois le support naturel de ses plus belles rosettes aura été retranché.

Ces réflexions sont pénibles sans doute ; elles sont cependant de la plus exacte vérité. Est-il donc bien possible qu'il n'y ait aucun inconvénient à contrarier perpétuellement, pendant cent ans et plus, la marche naturelle de la végétation ? Qu'est-ce que c'est donc qu'un art tant perfectionné, tant vanté, par lequel on se crée des difficultés pour avoir le plaisir de les vaincre, et qui n'est, au fait, qu'une lutte perpétuelle de l'art contre la nature ? Cependant, me dira-t-on avec quelque apparence de raison, par cette méthode on a de beaux arbres, on se procure de beaux et bons fruits : mais qu'est-ce que cela prouve ? que, malgré cette perpétuelle contrariété, les forces de la nature sont si grandes, et ses ressources si variées, qu'avec la taille, ou plutôt malgré la taille, elle répare promptement les outrages qu'on ne cesse de lui faire.

Du but de la taille.

Le but de la taille est de faire porter aux arbres de beaux et bons fruits, en quantité modérée, et à-peu-près égale chaque année, en conservant toutefois l'arbre en bon état de vigueur et de santé. Voilà donc trois conditions à remplir :

1°. Production de beaux et bons fruits;

2°. Production de fruits en quantité modérée et égale à-peu-près chaque année;

3°. Maintien de l'arbre en bon état de vigueur et de santé.

La taille remplit-elle exactement ces trois conditions? Existe-t-il d'autres moyens d'arriver plus directement, ou au moins de coopérer au même but, et quels sont-ils? Ces moyens une fois trouvés, sera-t-il possible de les combiner avec la taille?

Je ne chercherai point à résoudre chacune de ces questions en particulier; elles se trouveront discutées dans le cours de cet ouvrage : je vais exposer d'abord mes idées sur quelques moyens auxiliaires de la taille, et sur la marche de la végétation et de la fructification du poirier et du pommier, marche sur laquelle ont dû se fonder ses principes.

Moyens auxiliaires de la taille.

Entre les principaux moyens auxiliaires de la taille dans la conduite des arbres, tant pour la production du bois que pour celle des fruits,

moyens dont on n'a peut-être pas encore tiré tout
le parti possible, sont l'incision annulaire, l'arqûre, le cassement de l'extrémité des branches,
la greffe, la transplantation, le recepage, etc.

Par l'incision annulaire, on peut mettre à fruit
les boutons terminaux et latéraux situés au-dessus
du point circoncis; par l'arqûre, on obtient une
partie des mêmes effets, et l'on détermine assez
ordinairement (je dis ordinairement, parce que
cette sortie peut être modifiée par l'époque de
l'opération), dans la partie arquée, la sortie de
rosettes au lieu de branches à bois; par ces deux
mêmes opérations, on détermine ordinairement
aussi la sortie de branches à bois au-dessous de la
partie circoncise ou arquée; par la greffe, exécutée
suivant certaines modifications, on obtient à volonté branches ou boutons à bois, branches ou
boutons à fruits; par la transplantation, le cours
de la sève se trouvant modéré, au lieu de boutons à bois il sort quelquefois des boutons à fruit;
enfin, par le cassement, on obtient quelquefois un
bouton à·fruit terminal, au lieu d'un bouton à
bois, et l'on détermine aussi l'avancement des boutons placés plus bas.

J'ai commencé, sur ces diverses opérations,
plusieurs expériences; je ne me trouve pas encore
assez avancé pour rendre compte de toutes : je

dirai seulement plus bas quelque chose du cassement.

De la végétation et de la fructification du poirier et du pommier, et de la division établie par les auteurs entre leurs branches.

Ceux qui ont écrit sur les principes de la taille
ont cru devoir établir, dans les branches des poiriers et pommiers, trois principales divisions :

1°. Branches à bois ;

2°. Brindilles (par brindilles on entend de
petites branches à bois, qu'on appelle aussi branches à fruit, parce que, dit-on, elles ne fournissent que des rosettes ou lambourdes) ;

3°. Branches à fruits véritables, ou rosettes
ou lambourdes, qu'on appelle aussi boutons à
fruits.

Mais ces trois divisions sont-elles bien dans la
nature ? sont-elles bien réellement distinctes les
unes des autres ? y a-t-il entre elles une véritable
ligne de démarcation ? n'y a-t-il pas, au contraire,
fusion des unes dans les autres ? n'ont-elles point
été imaginées pour faciliter la pratique de la taille?
ou si elles sont véritablement fondées, doit-on
les admettre généralement, eu égard à l'espèce
entière, ou seulement relativement à l'individu
qu'on a sous les yeux, c'est-à-dire à partir des

pommiers et poiriers sauvages, et se rapprochant par degrés de nos espèces plus ou moins domestiques? Dans ces rapprochemens, les caractères prétendus distinctifs de ces trois sortes de branches ne perdent-ils rien de leur essence? Voilà bien des choses à considérer, et auxquelles on n'a pas assez réfléchi.

M. *Dupetit-Thouars*, qui a examiné ces arbres avec beaucoup d'attention, avec l'observation seule pour guide, n'admet point cette distinction de branches, et il me paraît être bien fondé; et véritablement les rosettes ou lambourdes peuvent être seules regardées comme distinctes, et encore avec quelques restrictions. Les expressions de branches à bois et branches à fruits peuvent bien être permises au jardinier qui a le droit de les nommer ainsi, suivant qu'il attend d'elles ou du bois ou du fruit; mais, dans le fond, ces expressions ne peuvent être que relatives, la qualification applicable à toute branche me paraissant dépendre bien moins de sa nature intime que de sa position, et de la qualité de l'individu dont elle dépend, d'autant plus que l'art ou le hasard (j'entends par ce dernier mot les circonstances environnantes dont il n'est pas toujours permis d'apercevoir ou d'apprécier l'influence) peuvent faire varier et changer leur dénomination, en chan-

geant l'état des choses sur lesquelles cette dénomination paraissait fondée.

Examinons en effet la végétation des poiriers
et pommiers, et prenons pour guide M. *Dupetit-
Thouars,* dans son ouvrage intitulé : *Recueil de
rapports et de mémoires sur la culture des
arbres fruitiers,* pag. 77 et suivantes; à Paris,
chez l'auteur, rue du Roule, nº. 20, en y joi-
gnant les passages de *Butret,* qu'il y a cités.

« Les arbres à pepins, comme les poiriers et
pommiers, rapportent leurs fruits sur de pètites
pousses appelées lambourdes, qui sont ordinairement trois ans à se former, et souvent plus; elles
viennent principalement sur de petites branches
longues de 5 à 6 pouces, nommées brindilles :
c'est pourquoi les brindilles et les lambourdes
sont les vraies branches à fruits dans ces sortes
d'arbres; les autres sont branches à bois, et fournissent les brindilles et lambourdes. » *Butret,*
pag. 7 et 8.

« Il y a une exception à faire sur la règle générale, pour les pommiers greffés sur paradis, qui
rapportent souvent des fruits sur les branches d'un
an; ces bois développent, au mois d'avril, des
lambourdes qui fleurissent et donnent du fruit
dans leur saison. » (*Butret.*)

« Dans les arbres à fruits à pepins, *ordinai-*

rement le bouton terminal des jeunes branches de l'année précédente, ou ce que je nomme le bourgeon, s'allonge tout de suite en une branche semblable à celle qui la portait ; c'est-à-dire, que toutes ses feuilles sont distantes les unes des autres : les autres bourgeons donnent souvent la même quantité de feuilles ; mais comme elles sont très-rapprochées, elles forment une rosette ; mais si l'on coupe une portion de la branche, le bourgeon, qui sera rendu terminal par cette opération, s'allongera tout de suite en branche dite à bois, en sorte que je ne crois pas qu'il y ait dans la nature de caractères certains, qui puissent faire distinguer les différentes espèces de branches annoncées dans les ouvrages sur la culture. » (M. *Dupetit-Thouars*, p. 78.)

J'ai vu les choses comme M. *Dupetit-Thouars*, et en conséquence je suis de son avis. J'ajouterai néanmoins quelques observations qui peuvent bien ne pas lui être échappées, mais dont il n'est pas mention dans son ouvrage, et dont l'exposition est nécessaire au sujet que je traite.

Il y a, suivant moi, plusieurs circonstances qui influent sensiblement, quoiqu'à divers degrés, sur le développement des yeux, soit à bois, soit à fruits, et sur la formation, sur la position, sur le nombre des rosettes, ainsi que sur le temps qu'elles mettent à se perfectionner, pour être en état de fleurir et de fructifier.

N'ayant pas à ma disposition les divers ouvrages publiés sur la culture des arbres, et ne me souciant pas d'ailleurs d'y faire de longues recherches, je ne puis m'assurer si *toutes* ces circonstances ont été examinées par leurs *auteurs;* je vais donc parler d'après mes propres idées, et discuter leur influence probable, et sur les arbres, et par suite sur la manière de les tailler et de les diriger en conséquence.

Reprenons encore ici M. *Dupetit-Thouars* pour guide, et voyons avec lui ce qu'il a exposé sur le mode de leur fructification.

« Dans les arbres à fruits à pepins, *ordinaire-ment* le bouton terminal des jeunes branches de l'année précédente s'allonge tout de suite en branche à bois; mais les boutons latéraux forment des rosettes, etc. » Remarquons que M. *Dupetit-Thouars* dit *ordinairement,* j'ai exprès souligné ce mot; et, dans le fait, c'est ainsi que cela arrive le plus ordinairement dans les arbres adultes et portant fruit : mais entrons dans quelques détails, et voyons les différences qui se manifestent sur les arbres, à raison de leur espèce, de leur âge, etc.

Divisions artificielles proposées entre les arbres d'âge et de force différens.

Pour me faire mieux comprendre, je vais établir une division artificielle entre ces arbres : je placerai au premier ordre les plus vigoureux ou les plus jeunes, et je descendrai par degrés aux arbres adultes de force moyenne, et de là aux arbres vieux et faibles.

Premier ordre.

Dans les arbres doués de la plus grande vigueur, le bouton terminal des jeunes branches de l'année précédente, au lieu, comme dans l'exemple précité *ordinairement,* etc. , de ne donner qu'un jet unique, développe par anticipation sur les années subséquentes, en même temps et à mesure qu'il s'allonge, tout ou partie de ses yeux latéraux, soit en branches à bois, soit en rosettes. Ce développement se fait d'une manière assez remarquable, et qui exige quelques détails sur lesquels nous reviendrons ailleurs.

Deuxième ordre.

Dans les arbres assez vigoureux, tels que peuvent être des jeunes arbres de semis, des arbres prêts à porter fruit, des arbres recepés, une greffe placée sur un fort sujet, *le bouton termi-*

2

nal des jeunes branches de l'année précé-
dente s'allonge tout de suite en branche à
bois; mais tout ou partie des boutons latéraux,
à commencer par ceux placés à la partie supérieure, se développe en branches à bois; quelques-uns seulement, en petit nombre, placés dans
la partie très-inférieure, donnent quelques rosettes, ou, beaucoup plus souvent, avortent ou
dorment.

Troisième ordre.

Dans ce troisième ordre, composé d'arbres
portant fruit, et déjà très-modérés dans leur croissance, *le bouton terminal des jeunes branches*
de l'année précédente s'allonge tout de suite
en branche à bois; mais dans les boutons latéraux, quelques-uns seulement, placés à la partie
supérieure, se développent en branches à bois;
quelquefois même il n'y en a qu'un seul; les boutons latéraux placés immédiatement au-dessous
donnent d'abord naissance à quelques fausses
rosettes ou rosettes allongées, puis à de véritables
rosettes; et enfin les inférieurs ne produisent que des
rosettes mal formées, ou avortent ou dorment.

Quatrième ordre.

Dans cet ordre, dont les arbres vont en s'affai-
blissant, *le bouton terminal des jeunes branches*

de l'année précédente s'allonge tout de suite en branche à bois; mais les boutons latéraux ne donnent plus naissance à aucune branche à bois, mais seulement à des rosettes, dont les plus belles sont toujours à la partie supérieure : le reste des boutons avorte en grand nombre.

Cinquième ordre.

Enfin, dans ce cinquième et dernier ordre, qui comprend les arbres les plus faibles et les plus âgés, *le bouton terminal des jeunes branches de l'année précédente s'allonge tout de suite en branche à bois* (il lui arrive cependant quelquefois de porter fleur au lieu de s'allonger); mais, à l'exception d'une ou deux rosettes qui s'y forment, quoique rarement, les boutons latéraux avortent ou dorment.

Ces divers effets ont lieu, non-seulement sur les branches dites à bois, mais aussi sur celles dites brindilles : à la vérité, ces dernières, que leur position, leur direction inclinée, mettent à l'abri de la grande force d'ascension ou du cours direct de la sève, sont, eu égard à cette circonstance, beaucoup moins portées à se développer à bois, et beaucoup plus à ne porter que des rosettes, quoiqu'il soit aisé de voir qu'elles ne diffèrent des autres que par le plus ou le moins, et que c'est à leur position, et non à leur essence, qu'elles doivent cet avantage.

Cela est si vrai, qu'en employant tour à tour les moyens fortifians ou débilitans, on change à volonté leur destination.

Ainsi, en arquant une branche dite à bois, en la mettant dans une position à-peu-près pareille à celle de la brindille, elle en acquiert sur-le-champ les propriétés.

(Elle produit donc alors des rosettes au lieu de branches à bois, parce que l'arqûre l'a affaiblie. On peut, au surplus, lui rendre sa vigueur en lui laissant reprendre sa direction naturelle aussitôt que les rosettes sont formées.)

Si on supprime toutes les branches à bois, et qu'on ne laisse que les brindilles, qu'on éclaircisse celles-ci, qu'on les mette à l'air, qu'on les redresse, qu'on les dispose comme branches à bois, elles en acquerront sur-le-champ toutes les propriétés.

Que si, enfin, on supprime toutes les branches à bois et les brindilles, qu'on ne souffre sur aucune partie de l'arbre le percement d'yeux qui voudraient y suppléer, qu'on n'y laisse enfin que des rosettes, et en petit nombre, du cœur de celles-ci, du milieu de leurs fleurs et de leurs fruits s'élancent des bourgeons qui se développent en branches à bois, et en acquièrent toutes les propriétés; il arrive alors qu'on voit des fruits à la base de ces nouvelles branches à bois. Au fait, cela n'a rien d'étonnant; la brindille n'est qu'une faible branche à bois, la fausse rosette n'est qu'une brindille qui commence à se développer; de fausse rosette à la vraie rosette il n'y a qu'une nuance, et la rosette elle-même n'est qu'un faisceau de boutons à bois et de boutons à fruits réunis, dont les uns et les autres peuvent se développer isolément ou simultanément, bien que, dans les cas ordinaires, les boutons à fruits seuls s'y développent au détriment des autres.

Ainsi l'incision annulaire, la greffe, le cassement, l'arqûre, et notamment la taille, comme tout le monde sait, changent la nature et la destination des diverses sortes de branches; ou plutôt chacune de ces opérations contribue, à sa manière, à développer de préférence leurs germes à bois, ou leurs germes à fruit. Autant en fait la transplantation, ainsi que la coupe de fortes racines; et je puis citer à cet égard un fait remarquable. J'ai vu, au printemps dernier, un gros poirier couché par le vent sur terre, et y tenant encore d'un côté par ses racines; il a continué sa végétation, et elle n'a rien présenté d'extraordinaire dans la partie tenant à la terre; mais dans la partie de sa tête, correspondante aux racines arrachées, il n'a poussé aucune branche à bois : il ne s'y trouve que des rosettes, et tous ses boutons terminaux sont à fruits.

Au moyen d'un léger coup de serpette ou d'une petite incision à l'écorce au-dessus d'un œil qui dort, on peut déterminer sa sortie, et au-dessus d'un œil poussant, la sortie d'une branche à bois au lieu d'une rosette; une incision pareille, mais faite au-dessous d'un autre œil, l'empêchera de se développer, ou bien l'arrêtant, et le retardant dans son essor, le forcera à se mettre à fruit, bien qu'il parût d'abord destiné à former branche à bois. Une lésion quelconque, la piqûre d'un insecte, un coup d'air, suivant le lieu ou s'exerce leur influence, peuvent produire de pareils effets; effets d'autant plus imprévus, que souvent on n'en peut reconnaître la cause, et qu'à défaut de mieux on attribue au hasard, ou que plus mal à propos encore on regarde comme des exceptions.

Au surplus, la taille elle-même ne paraît rien changer à l'ordre des évolutions des branches et boutons à bois et à fruit, tel que je l'ai établi; elle ne paraît que changer le lieu de ces évolutions, c'est-à-dire qu'elle le rabaisse d'autant de degrés qu'elle supprime d'yeux; par-là, les boutons à bois et à fruit qui naissent au-dessous du raccourcissement de la branche, sont p'acés plus bas, mais conservent toujours entre eux la position respective qu'ils auraient eue sans la taille. On peut croire seulement que la taille donnant ordinairement (car il y a des exceptions que j'ai fait connaître) plus de vigueur à la branche raccourcie, en diminuant le nombre des yeux qu'elle a à nourrir, augmentera la proportion des branches à bois, comparativement à celle des branches à fruit, changement de proportion qui, comme on le voit bien, n'est pas du tout à l'avantage du cultivateur. Il est d'ailleurs assez connu que les arbres non taillés donnent plus de fruit que les arbres taillés ; et le moyen de mettre un arbre à fruit, c'est de le laisser s'allonger à discrétion. (La vigne venue de pepin, ne se met à fruit que lorsqu'on ne la taille pas ; et c'est toujours sur les yeux de l'extrémité que paraissent les grappes, et même les plus belles grappes : au surplus, je n'entends rien inférer de ceci contre la taille de la vigne).

Il n'y a donc, je le répète, entre ces trois sortes de branches, aucune différence réelle ; il n'y a que des nuances, puisque, selon leur vigueur, selon leur position, selon la nature des opérations qu'on leur fait subir, il se présente des boutons à fruits,

là où on attendait des boutons à bois, et des boutons à bois, là où on attendait des boutons à fruits;
et que les branches qui restent après la taille ou
un retranchement quelconque, quelles qu'elles
soient, reprennent la place de celles retranchées;
et qu'en dernière analyse la nature finit toujours
par reprendre ses droits, c'est-à-dire, développe
dans le premier âge les élémens du bois, dans
l'âge adulte, les élémens du bois et du fruit simultanément, et dans la vieillesse ceux du fruit
seulement, signe de décrépitude, annonçant la
fin prochaine du végétal. Aussi ne balancerai-je
point à avancer ces trois propositions :

1°. Dans les arbres très-jeunes et très-vigoureux, tous boutons et branches sont boutons et
branches à bois;

2°. Dans les arbres adultes et de moyenne force,
il y a des boutons et des branches à bois, il y a
des boutons et des branches à fruits; ou, pour
parler plus régulièrement, tous boutons et branches sont en même temps, à volonté, boutons et
branches et à bois et à fruits;

3°. Dans les arbres faibles et vieux, tous
boutons et branches sont boutons et branches à
fruits.

Voyons présentement ce que la taille ordinaire
opère sur les arbres de chacune de ces trois divi-

sions, et en quoi il me paraît qu'elle devrait éprouver des modifications. (J'avais d'abord pensé à établir un plus grand nombre de divisions ; mais j'ai cru ensuite pouvoir me réduire à trois : je pense que cela peut suffire pour me faire comprendre.)

1°. *Arbres très-jeunes et très-vigoureux. — De l'effet que fait et devrait faire la taille sur les arbres de cette première division.*

Dans ces jeunes arbres, sur-tout dans ceux venus de semis , tout est, comme je l'ai déjà dit, boutons et branches à bois. Ce n'est pas que sur les branches inférieures , horizontales , inclinées, on ne puisse apercevoir quelques rudimens de rosettes ; mais ces rosettes, qu'on jugerait devoir être très long-temps à se former et à fructifier, finissant en général par s'oblitérer, on ne peut en faire aucun cas ; tant qu'elles ont subsisté , elles n'ont fourni que des feuilles : je n'en tiendrai donc aucun compte, et je regarderai toutes les branches de ces arbres comme branches à bois. La taille sur ces jeunes arbres ne devrait donc avoir lieu que pour les régulariser, en supprimant les branches trop nombreuses, confuses ou mal placées. Toute taille de raccourcissement ne tendrait qu'à augmenter la confusion , en multipliant la rami-

fication déjà trop abondante, et à retarder d'autant leur accroissement quant à la fructification.
Il ne s'agit que de pourvoir à leur éducation : la
taille qui leur convienr pourrait donc s'appeler
taille d'éducation ou de régularisation. Je ne m'é-
tendrai pas davantage sur cette première division.

2°. *Arbres adultes, commençant à porter
fruits, ou en pleine fructification. — De
l'effet que fait et que devrait faire la taille
sur cette seconde division.*

Dans cette division d'arbres, qui est sans contredit la plus nombreuse et la plus intéressante,
puisqu'à la force et à la vigueur elle réunit le
produit, je range les arbres dont M. *Dupetit-
Thouars* a décrit la végétation, ainsi que je l'ai
cité plus haut (page 16). Ce sont les plus communs dans les jardins ; c'est aussi d'eux que j'ai
avancé qu'en comparant l'arbre taillé avec l'arbre
non taillé, les plus belles rosettes devaient se
trouver naturellement sur les parties retranchées par la serpette : c'est un fait qu'il est impossible de nier ; toutes les branches d'un tel
arbre étant raccourcies, et ses rosettes naturelles
supprimées, il faut qu'il s'en forme d'autres arti-
ficiellement ; il faut que ce qui était à bois de-
vienne à fruit, et que ce qui était à fruit de-

vienne à bois, et cela sans nécessité démontrée, au moins généralement parlant. Je veux bien convenir que, par le raccourcissement des branches, les yeux qui restent poussent plus vigoureusement ; mais sans *les* raccourcir on obtiendrait le même effet, en en supprimant quelques-unes dans leur entier ; et celles qui restent ne seraient, au moins, pas mutilées. On peut me dire aussi qu'en raccourcissant les brindilles, la quantité de rosettes qu'elles doivent produire en diminuera d'autant, et que celles qui resteront prendront d'autant plus de force ; mais je répondrai qu'on peut aussi parvenir au même but, soit en retranchant dans leur entier une partie des brindilles, soit en les laissant toutes et éborgnant une partie de leurs yeux, afin qu'il n'en reste que la quantité convenable. La même opération d'éborgnement pourrait être faite sur toutes les branches à bois conservées dans leur entier ; il en résulterait l'avantage de ne mutiler aucune branche conservée, d'éviter les coudures que produit la taille, et la confusion de branchage qu'elle occasionne ; d'éviter aussi l'ébourgeonnement subséquent qu'elle rend nécessaire, et qui, quoi qu'on en dise, ne peut manquer d'épuiser les arbres.

C'est dans cette même division que se trouvent les arbres qui fournissent le plus régulièrement les branches à bois et à fruits ; c'est elle qui fait l'espoir et la richesse du cultivateur. Je nommerai taille à fruit ou de fructification la taille modifiée, ainsi que je l'ai exposé, à laquelle elle devrait être soumise, parce que, sans négliger la production du bois, c'est celle du fruit que l'on a principalement en vue.

3°. *Arbres vieux et faibles. — De l'effet que fait et que devrait faire la taille sur cette troisième division.*

C'est cette troisième classe que j'ai représentée comme n'ayant que des branches et des boutons à fruits, sur laquelle je regarde la production du bois comme rare, et cependant comme très-essentielle. C'est donc, ici, à la production du bois que doit tendre l'art du cultivateur ; aussi nommerai-je la taille que je voudrais voir pratiquer sur ces arbres, taille à bois.

Cette troisième classe d'arbres qui, quoique sur le déclin, présente encore beaucoup d'intérêt, dont on pourrait prolonger le produit et la vie par une conduite mieux entendue, me paraît être, entre toutes, la plus maltraitée par la taille actuelle. En effet, affaiblie par l'âge, il lui est difficile de réparer les outrages sans nombre qu'on lui a faits depuis sa naissance, et de lutter encore contre ceux qu'on ne cesse de lui faire. Je vais donc entrer, à son égard, dans des détails plus étendus.

Quel spectacle, en effet, présentent ces arbres? Des individus contrefaits, rabougris, offrant une succession non interrompue de coudes et de nœuds, depuis leur pied jusqu'à leur sommet; des branches à moitié mortes, couvertes de chancres, d'écorce mousseuse, crevassée, remplie d'insectes, etc., symboles de la décrépitude, et tableau complet, mais hideux, des effets de l'interruption du cours direct de la sève, peu propres assurément à concilier des partisans aux fauteurs de ce système. Car si, comme je l'ai déjà fait observer, un de ces arbres a cent ans, il a cent coudes et cent nœuds multipliés par le nombre de ses branches : et qu'en résulte-t-il? production de fruits mal conformés, petits, pierreux, savoureux à la vérité, mais qui rachètent cette qualité par mille autres défauts. En définitif, ces vieux arbres, quoique chargés de brindilles, accablés de nombreuses rosettes, se couvrant même de milliers de fleurs, n'en donnent pas toujours pour cela plus de fruits, parce qu'ils n'ont pas les moyens de les nourrir, parce qu'ils manquent de jeune bois et de feuilles nécessaires à l'aspiration et à l'élaboration de la sève, le cours de celle ci étant interrompu par une déviation continue , causée par des milliers de coudes et de nœuds, et cela à tel point, qu'il arrive même que les rosettes, quoique ayant en elles les germes des fruits , avortent et ne produisent que des feuilles. On objecterait en vain que ces coudes et ces nœuds sont précisément la cause de la saveur supérieure des fruits , se fondant sur un exemple frappant, savoir : que dans les vignes ce sont les ceps les plus vieux , les plus coudés qui donnent les vins de meilleure qualité ; mais il faut faire attention : 1°. que la végétation de la vigne est d'un genre particulier ; 2°. qu'il n'y a aucune comparaison à faire entre la saveur d'une poire produite par un vieil arbre, relativement à la saveur d'une autre poire, et celle du raisin produit par un vieux cep dont le goût, quoique supérieur en qualité, n'est nullement en proportion avec la qualité qu'il donne au vin qu'on en retire; qualité, d'ailleurs, qui , quoique très-estimable, est estimée souvent au-dessus de sa valeur réelle , soit par sa rareté, soit par sa réputation, ou toute autre raison qui ne peut être ici que de très-faible considération.

Ces vieux arbres n'ayant donc que peu de branches à bois, terminées souvent par un bouton à fruit, et qui, étant assez faibles, pourraient plutôt passer pour brindilles, couverts, au contraire, d'une multitude infinie de rosettes, justifient bien ce que j'ai avancé, que sur eux tout était boutons et branches à fruit. Rendre de la vigueur à ces arbres, en leur faisant produire du bois, puisqu'ils se mettront d'eux-mêmes assez à fruit, quoiqu'ils n'aient pas toujours la force de le nourrir, devrait être, sur ces arbres, le but principal de la taille.

Raccourcir sur eux les branches à bois, comme on le fait ordinairement, est suivant moi un très-mauvais procédé; en taillant court, dit-on, on diminue le nombre des yeux, et conséquemment, la sève en ayant moins à nourrir, ceux qui restent prennent plus de force.

Un principe généralement vrai, c'est que plus une branche est taillée court, plus un arbre est recepé bas, plus il repousse vigoureusement; mais ce principe souffre des exceptions : j'en vais donner plusieurs exemples, et je ne doute pas qu'on ne les trouve très-applicables au cas présent.

J'ai fait, à différentes fois, des milliers de boutures de plusieurs espèces d'arbres, notamment de peupliers suisses et autres. L'usage assez constant est de les receper rez terre ou à un ou deux yeux au plus au-dessus; j'ai cependant remarqué que les boutures auxquelles je laissais leur bouton terminal avaient dans certains cas, sur les autres,

une grande avance. Il m'a paru que leur bouton
terminal leur était d'autant plus avantageux, que
les boutures étaient plus faibles, et que leurs yeux
inférieurs étaient moins apparens ou moins développés.

J'ai vu des greffes restées faibles la première
année de leur pousse, par différentes causes,
notamment par le peu de convenance des deux
sujets, périr lorsqu'on les raccourcissait ; j'ai vu
les mêmes greffes réussir, lorsqu'on n'y touchait
pas (je ne pense pas qu'on ait jamais fait cette
remarque, qui est cependant essentielle pour ceux
qui s'occupent de greffes difficiles).

J'ai vu, et c'est un fait bien connu, que dans
certains cas on se gardait bien de receper de jeunes
plants d'arbres, dès la première année de leur
replantation, mais qu'on attendait la seconde,
dans la crainte que, leur bouton terminal étant
supprimé, les yeux latéraux ne fussent point assez
forts pour aspirer la sève.

J'ai observé (dans le département du Loiret)
que, sur les trognes ou tétards, soit d'ormes,
soit plus particulièrement de chênes, l'on avait
attention, autant que faire se pouvait, de laisser
à l'extrémité recepée ou étronçonnée, un jet ou
un rameau plus ou moins fort, dans la vue,
m'a-t-on dit, d'attirer la sève dans cette partie,

et d'y faire produire de nouveaux jets. Sans cette précaution , m'a-t on ajouté, il pourrait arriver que, faute de points aspirans , la sève n'y montât que fort tard, et que l'arbre fût en danger de périr.

J'ai vu des arbres recepés trop bas périr ou languir, faute d'yeux disposés à pomper la sève et à repercer (il est vrai que le froid et l'humidité du sol pouvaient y être pour quelque chose).

Il est bien prouvé par ces faits , qu'en certaines circonstances il peut être dangereux de raccourcir une branche faible, et d'autant plus dangereux que la moindre déperdition de sève peut l'affaiblir encore , et que ses yeux inférieurs sont moins formés et moins prêts à aspirer la sève, et qu'au contraire il peut être avantageux de laisser les plus forts yeux, et encore mieux un bouton terminal qui, ayant reçu , même pendant l'hiver, une première impulsion de sève, quoique latente, a sur tous les autres une grande avance. Il est bien vrai que tout sujet vigoureux auquel on le retranche a, pour y suppléer, des yeux qui, mis en mouvement par une sève énergique, l'ont bientôt rattrapé, et peuvent même le surpasser ; il est bien vrai aussi que, dans les arbres qui craignent la gelée , il y est plus exposé que les autres , qui par eux-mêmes sont plus tardifs, et sont encore retardés par l'effet même de la taille ; mais je n'en insisterai pas moins sur la conservation du bouton terminal dans les sujets faibles, et dans certains cas que l'expérience apprendra à discerner.

Me fondant sur ces faits, et sur les considérations qui en résultent, je pense donc qu'au lieu de raccourcir les faibles branches à bois et brindilles de nos vieux arbres, il vaudrait mieux laisser dans leur entier un certain nombre d'entre elles, et en supprimer quelques autres, afin de donner plus de force à celles qui resteraient. On pourrait même sur ces dernières, si l'on craignait d'y faire des plaies, et risquer ainsi d'occasionner une perte de sève, éborgner avec discernement et avec précaution une partie des yeux, si l'on jugeait qu'il y en eût trop. Quant aux rosettes ou lambourdes, si l'on jugeait aussi que leur quantité fût trop grande, on en pourrait supprimer quelques-unes, tant sur les branches nouvelles que sur le vieux bois. Parmi ces rosettes, on retrancherait, comme de raison, et de préférence, les plus anciennes, les plus difformes, celles qui resteraient devant profiter de la nourriture destinée à celles supprimées Car il arrive souvent, comme je l'ai déjà fait observer, que les rosettes en trop grand nombre, ou ne donnent que des feuilles, ou n'amènent à bien qu'une très-petite quantité de fruits, relativement à la grande quantité de fleurs dont elles s'étaient couvertes.

Du Recepage.

A ce système de retranchement de branches et de rosettes, peut-être devrait-on en substituer un autre, et j'ai quelques raisons de croire qu'il lui serait préférable ; ce serait le recepage total ou partiel de l'arbre lui-même.

Le recepage est un moyen connu, mais pas assez employé, ou du moins employé trop souvent à la dernière extrémité : on l'a réduit en système pour la conduite de l'Orangerie de Versailles, et avec beaucoup de succès ; pourquoi ne l'appliquerait-on pas également aux arbres à fruits? Par l'emploi de cette méthode nouvelle, applicable même à des arbres moins âgés, disparaîtraient tout-à-coup, ou n'auraient plus lieu dorénavant, les coudes, les nœuds, les plaies, etc., que j'ai reprochés aux vieux arbres. Il serait encore un moyen commode de se débarrasser des branches détériorées par la pratique de l'arqûre, de l'incision annulaire, etc.

On pourrait craindre que l'exécution trop rigoureuse du recepage total n'entraînât la perte des arbres par la suppression universelle des boutons aspirans ; on peut essayer de conserver quelques rameaux : cette idée, déjà développée plus

3 *

haut, me conduit naturellement à parler du recepage partiel.

Au lieu d'exécuter le recepage sur les branches
dans leur entier, on pourrait ne retrancher que
la partie supérieure de chacune d'elles, ou, ce
qui me paraîtrait préférable, on pourrait retrancher quelques-unes des branches de l'arbre dans
leur entier, c'est-à-dire, rez tronc et à leur naissance, et on laisserait les autres absolument sans
y toucher. Ce recepage partiel aurait l'avantage de
ne point priver entièrement de fruit, puisque les
branches conservées continueraient d'en donner,
jusqu'à ce que les nouvelles pussent leur succéder.
Il serait temps alors de receper à leur tour les anciennes conservées. Ce recepage s'exécuterait en
alternant, c'est-à-dire en supprimant une branche
et conservant la suivante, ou les deux suivantes,
et ainsi de suite, selon que l'on voudrait l'exécuter par moitié, par tiers ou par quart, en une,
deux ou trois années.

On pourrait craindre encore que l'exécution
de ce recepage partiel n'entraînât deux inconvéniens tout-à-fait opposés, et qu'il faut également
prévoir, savoir : le premier, que les vieilles branches n'empêchassent de pousser les nouvelles, et
le second que ces nouvelles ne fissent périr les
vieilles ; je ne le crois cependant pas, et je vais

citer, à l'appui de mon opinion , un fait assez curieux, que m'a rapporté M. *Vilmorin.*

Un grand amateur de fruits, curieux de nouveautés, possède un jardin dans lequel il s'est plu à rassembler toutes les variétés de poires qui sont parvenues à sa connaissance, et qu'il a pu se procurer. Il n'a pas pour cela autant d'arbres qu'il a d'espèces, et voici comment il s'y prend. Quand il en a obtenu une nouvelle, il coupe à sa base une forte branche d'un de ses poiriers, il y greffe sa nouvelle espèce, elle y pousse et réussit très-bien. A mesure qu'il parvient à s'en procurer d'autres nouvelles, cette opération est par lui répétée successivement sur toutes les branches du même arbre. Ces nouvelles espèces sont , à leur tour, supprimées et remplacées par d'autres plus nouvelles encore. Ses poiriers, d'ailleurs très-forts et très-vigoureux, ont ainsi rapporté et rapportent simultanément et alternativement une multitude infinie d'espèces de poires.

Des ressources que la taille offre ou devrait offrir contre l'alternat des arbres à fruits à pepins.

Y a-t-il des moyens de remédier à l'alternat? quels sont ces moyens ? la taille peut-elle en faire partie?

Je doute que les ressources de la taille soient très-efficaces contre l'alternat; je ne pense pas qu'on ait tenté beaucoup de recherches sur ce point; je m'en suis déjà occupé, dans un mémoire inséré dans les *Annales d'Agriculture* (2e. série, tom. I). J'ai recherché quelles pouvaient être les causes de l'alternat, j'en ai indiqué plusieurs; mais je vais m'occuper ici d'une nouvelle cause qui ne m'avait pas paru d'abord aussi fréquente et aussi importante que je l'ai jugé depuis. Avant d'y procéder, je suis obligé de passer de nouveau en revue les divers modes de fructification, de formation de boutons à fruit, et de déterminer le temps qu'ils emploient pour leur complément. Il semblerait que cet article eût été mieux placé plus haut, à l'endroit où je me suis déjà occupé de la manière de fructifier des arbres; il est certain que c'était sa vraie place, mais j'aurais été encore obligé d'y revenir, dans la crainte qu'on ne l'eût perdu de vue : d'ailleurs, je m'en étais occupé sous le rapport de la dénomination bien ou mal fondée des diverses espèces de branches; et ici, c'est sous le rapport du temps que mettent à leur complément parfait les boutons à fruits dont j'avais alors seulement examiné la position.

Bien que les auteurs aient avancé qu'il fallait, sur-tout au poirier, deux ou trois ans, et même plus, pour la formation complète de ses boutons à fruits, cela ne doit ou ne devrait s'entendre que des rosettes ou lambourdes; car, comme l'a fort bien fait remarquer M. *Dupetit-Thouars (cité plus haut)* au bout d'un scion ou branche de l'année, il se trouve souvent des bouquets de fleurs ; il peut même arriver que des rosettes fleurissent l'année qui suit leur formation ; et, sur le pommier paradis, tous les yeux d'une jeune branche peuvent également fleurir.

Ainsi le cassement opéré en temps utile fait développer un scion terminé par un bouton à fleur qui s'épanouit le printemps suivant ; l'incision annulaire, la ligature même, et l'arqûre, paraissent avoir la propriété de faire mettre à fruit sur-le-champ tout ou partie des boutons latéraux ou terminaux. La greffe modifiée, ainsi que je l'exposerai dans un mémoire particulier, peut produire des effets analogues ; mais ces effets peuvent être attribués à la culture, qui peut ou les produire, ou du moins les rendre beaucoup plus sensibles ; on en voit des exemples par la greffe sur cognassier ou sur paradis : il en est de plus frappans encore, tels que le cerisier de la Toussaint, et un nouveau calville (calville micoux), qui ont la faculté de fleurir perpétuellement, ou plutôt de développer leur fleur aussitôt que le bouton est formé.

Je possède moi-même en ce genre des individus très-remarquables. J'ai actuellement de jeunes pommiers venus de semis, non transplantés, non greffés , non taillés , sur lesquels je n'ai pratiqué aucune opération particulière de culture, au moins depuis leur naissance , et qu'on pourrait regarder comme absolument abandonnés à eux-mêmes depuis cette époque, qui fleurissent et fructifient avec ou sans rosettes , sur leurs boutons terminaux, et, ce qui est plus singulier encore, sur les yeux et boutons latéraux de leurs jeunes branches, bien qu'avant l'épanouissement de leurs boutons à fleur, rien n'annonçât leur existence.

Ces pommiers très-vigoureux, à d'autres avantages, que je ne mentionnerai point ici, parce que cela m'écarterait de mon sujet, sur lesquels je donnerai d'ailleurs un mémoire particulier, réunissent celui de ne point alterner ; et en effet , puisqu'ils fleurissent et fructifient avec et sans rosettes, et sur les boutons terminaux et latéraux du jeune bois , il est comme impossible qu'ils ne se couvrent tous les ans d'une grande quantité de fleurs et de fruits. Il est évident que si l'on soumettait ces arbres à la taille , elle devrait sur eux être dirigée d'après des principes particuliers (1).

____

(1) M. *Olivier*, de l'Institut, a prouvé dans son *Mémoire sur la cause des récoltes alternes de l'olivier*, que c'est à la taille qui diminue le nombre des olives, et à la cueille anticipée de ces fruits, que les cultivateurs de la plaine d'Aix doivent l'avantage d'avoir une récolte tous les ans, lorsque les gelées, les sécheresses, les insectes, etc., ne s'y opposent pas. (*Note de M.* Bosc.)

Suite des remarques sur la végétation et la fructification, et du temps nécessaire pour l'entière formation des boutons à fruit.

Mais laissons ces productions extraordinaires, et revenons-en à nos arbres communs. La nature emploie, comme je l'ai déjà fait observer, plusieurs moyens dans la formation des boutons à fruits; mais comme, en définitif, les rosettes sont le principal, examinons en détail la manière dont elles se forment.

M. *Dupetit-Thouars,* cité plus haut, nous a appris comment elles avaient lieu *ordinairement;* mais comme il y a, à cet égard, des variantes, il faut les connaître. C'est, comme il le dit, sur le bois de l'année précédente qu'elles apparaissent le plus souvent; mais il naît de temps à autre, soit sur le tronc principal, soit sur les mères branches, des bourgeons adventifs, qui, lorsqu'ils poussent faiblement, deviennent rosettes, auxquelles on n'était pas fondé de s'attendre. Quel temps ces dernières mettent-elles pour leur complément? c'est ce que je n'ai pas observé.

Voilà donc des rosettes formées, 1°. pour la plus grande partie sur le bois de l'année précédente, et 2°. sur le vieux bois. Il peut encore s'en faire sur les pousses de l'année, et à mesure

même qu'elles se développent, ou au moins très-
peu de temps après, et toujours dans la même saison où le développement des pousses a eu lieu; et
voici comment cela se passe.

Lorsqu'un arbre ou une branche d'arbre pousse
très-vigoureusement, comme après un recepage,
ou sur une greffe placée sur un fort sujet, le bouton terminal, en s'allongeant, développe en même
temps les yeux qui se trouvent à l'aisselle de chacune de ses feuilles. Il arrive même que sur ces
jets secondaires ou bourgeons axillaires, un nou-
vel et pareil effet ayant lieu, il s'y développe des
jets tertiaires, de sorte que dans ce cas le développement de ces yeux anticipe d'une ou de deux
années.

La disposition de ces jets secondaires se développant sur le jet primaire, et en même temps
que lui, est remarquable; elle diffère absolument
de celle qui a lieu sur le bois de l'année précédente. Nous avons vu plus haut (page 20, ligne
3), que, sur ce vieux bois, venaient d'abord les
branches les plus fortes à l'extrémité supérieure,
puis les fausses rosettes, puis au-dessous les rosettes : ici c'est tout le contraire; les jets secondaires
continuant à s'allonger à mesure que le jet primaire croît en hauteur, et étant suivis par de nouveaux à mesure que le jet primaire a continué sa
croissance, l'avance que les premiers venus ont

sur les derniers donne au tout une forme pyramidale, dont les premiers venus forment la base,
et la tige principale le sommet. Près de ce sommet,
les derniers bourgeons axillaires, au lieu de se
développer en branches à bois, forment des rosettes, et enfin les derniers yeux dorment.

Lorsqu'il y a développement de branches tertiaires, elles forment à leur tour autant de petites
pyramides particulières, desquelles l'axe fait angle
avec celui de la pyramide principale : mais cet effet
ne se fait apercevoir qu'en y regardant de près ;
et au fait la forme pyramidale principale est la
seule apparente, et je la nommerai pyramide
simple, pour la distinguer d'une autre qui a quelquefois lieu, et que je vais aussi décrire, parce
qu'il en résulte un effet particulier.

Il arrive quelquefois que les premiers bourgeons
axillaires qui devaient être la base de la pyramide
ne s'allongent point, et forment de véritables rosettes d'abord ; puis ensuite de fausses rosettes ou
rosettes allongées ; les bourgeons axillaires qui
suivent s'allongent un peu plus, et ainsi par degrés,
jusqu'à ce qu'ayant atteint leur maximum de croissance, ils forment ainsi la base de la pyramide
supérieure : mais il est résulté de la disposition
particulière des premiers bourgeons axillaires
une autre pyramide inférieure à celle précédem-

ment décrite, à base commune avec elle, et dont par conséquent le sommet est dirigé vers la terre. Cette pyramide renversée, inférieure à la première, à base commune et égale, a ses côtés moins étendus, son axe étant plus court.

Ces deux dispositions, l'une simplement, l'autre doublement pyramidale, n'auraient rien de bien intéressant, si elles ne donnaient lieu, la première à la production de rosettes à la partie supérieure seulement, et l'autre à la production de rosettes, tant à la partie inférieure qu'à la partie supérieure.

Cette formation de rosettes, simple dans le cas de la pyramide unique, double et alternative dans le cas des deux pyramides, donne la confirmation de ce que j'ai avancé, que la formation des rosettes est due absolument à l'action modérée de la sève, et que c'est cette action qui, suivant ses divers degrés d'énergie, donne naissance, dans sa plus grande force, 1°. aux branches à bois; 2°. aux fausses rosettes allongées; 3°. et enfin aux véritables rosettes, quand sa force s'affaiblit.

En effet, dans le premier cas de la pyramide simple, on voit que, dès son commencement, la sève jouissant de toute son énergie, donne sur-le-champ la plus grande extension possible à ses premiers bourgeons axillaires, qui, dans ce cas, forment la base de la pyramide; on voit qu'au fur et à mesure qu'elle se modère, ses bourgeons prennent moins d'extension, jusqu'à ce qu'enfin la sève, sur son déclin, se réduit à former des branches de plus en plus courtes, puis des rosettes allongées, puis de véritables rosettes.

Dans le second cas de la pyramide double, on voit que la sève, très-modérée d'abord, forme, par ses boutons axillaires, en premier lieu des rosettes, puis des rosettes allongées, puis enfin des branches dont l'extrémité croît de plus en plus, jusqu'à ce que la sève ait atteint son maximum de force; que cette force diminuant alors peu-à-peu, il en résulte des branches un peu plus courtes; et qu'enfin cette force, descendue à son minimum, il n'en résulte plus que des rosettes allongées, et enfin des rosettes : les derniers yeux dorment.

Lorsqu'au lieu de cette grande vigueur, nécessaire pour le développement de ses bourgeons secondaires et tertiaires, il ne se manifeste sur les jets nouveaux d'un arbre qu'une force très-modérée, la plupart des yeux dorment, et c'est le cas le plus ordinaire; ou bien il peut s'y former une certaine quantité de rosettes. (Ces rosettes sont alors placées à-peu-près vers le milieu du jet.) Entre ces rosettes formées dans la même année, mais cependant à des époques ou dans des places diverses, y a-t-il quelque différence ? c'est ce qui ne me paraît pas probable ; cependant je ne puis m'appuyer à cet égard sur aucune observation.

Tous ces faits prouvent jusqu'à l'évidence, que la formation des rosettes, leur position, ainsi que la formation et la position des branches à bois et des brindilles, n'est pas déterminée par la nature seule, mais qu'elle dépend bien plus de l'état particulier des espèces, des individus, de la saison, du terrain, et de la force plus ou moins grande d'ascension de la sève. On voit que dans le passage des branches aux fausses rosettes, et de là aux rosettes, cette force diminuant par degrés, l'intervalle qui sépare les feuilles de chacune de ces parties diminue d'étendue, sans que pour cela le nombre des feuilles soit moindre, jusqu'à ce qu'enfin, dans la véritable rosette, ces feuilles finissent par n'être plus séparées et par se toucher. Ces faits prouvent encore que, pour fructifier prochainement, les arbres ne doivent pas non plus être trop faibles, puisque, dans ce dernier cas, les yeux latéraux dorment, et qu'il n'y a en eux de développement, même de rosettes, que lorsque la sève a un degré de force moyen, soit en croissant soit en décroissant.

Ces détails, un peu longs, complètent ce que j'avais à dire sur les divers modes de formation des rosettes, et sur les autres moyens de fructi-

fication naturels et artificiels : je vais m'occuper
actuellement d'examiner quel est le temps nécessaire à leur formation , et comment ils acquièrent
le complément de perfection suffisant pour fleurir
et fructifier ; mais comme tout ce que j'ai dit à ce
sujet est épars, je vais remettre le tout sous les
yeux au moyen d'un tableau.

TABLEAU des divers modes de fructification
des poiriers et pommiers.

Rosettes.

1°. Rosettes se formant sur le bois de
l'année, soit seules , soit supérieures
et inférieures aux bourgeons axillaires (assez rares) ;

2°. Rosettes se formant sur le bois de
l'année précédente (ce sont les plus
communes) ;

3°. Rosettes se formant , ou formées à
diverses époques , sur le vieux bois,
soit sur le tronc , soit sur les anciennes ou maîtresses branches.

} 3 variantes.

Boutons à fruits terminaux.

1°. Boutons à fruits terminaux au bout
des jets de l'année (communs sur les
vieux arbres) ;

2°. Boutons à fruits terminaux, sur les
jets de l'année, produits par le cassement ;

3°. Boutons à fruits terminaux d'ancienne ou de nouvelle formation , au
bout des faibles branches, comme
brindilles ou rosettes allongées ;

} 3 variantes.

à reporter 6 variantes.

De l'autre part. 6 variantes.

Yeux latéraux à fruits.

Yeux latéraux, sur le bois de l'année précédente, développant, sans y être attendus, des fleurs et des fruits (communs sur les pommiers paradis). } 1 variante.

<hr>

Total des diverses manières de fructifier. 7

Je n'ai point fait ici mention des différentes sortes de fructification que l'on pourrait obtenir par l'incision annulaire et par la greffe, parce que les expériences me manquent en partie, et parce qu'il est assez probable que ce qu'on en obtiendrait pourrait se ranger dans les variantes indiquées; et, à vrai dire, pour ne pas être en contradiction avec moi-même, et éviter le reproche que j'ai fait aux partisans des divisions et subdivisions de branches, dans ma manière de voir, les boutons à fruits terminaux ne sont que des rosettes allongées, ou portées au bout d'un jet un peu plus long; et les brindilles ne sont elles-mêmes que des rosettes allongées, tout comme les yeux latéraux fructifians pourraient bien n'être regardés que comme des embryons de rosettes, ou des rosettes latentes, anticipant sur l'époque ordinaire de leur fructification; et définitivement les rosettes elles-mêmes ne seraient que des branches restées courtes, parce que la sève, moins active, n'aurait pas donné un entier développement aux intervalles qui séparent ordinairement les feuilles.

Entre ces sept manières de fructifier, la plus naturelle, la mieux caractérisée, la plus commune, et par conséquent la plus utile pour nous, est sans contredit celle des rosettes : comment se fait-il donc qu'elle soit précisément celle qui se trouve la plus irrégulière, relativement aux époques de sa floraison et de sa fructification, puisqu'il lui faut, dit-on, soit un an, soit deux ou trois, et même plus pour acquérir toutes ses facultés? Cet examen mérite d'autant plus de nous occuper, que, quoiqu'on puisse avoir de beaux et bons fruits sur diverses parties des arbres, il faut cependant convenir qu'en général, ou au moins dans la plus grande partie des espèces actuellement cultivées, c'est sur les rosettes véritables que s'obtient le plus grand et le meilleur produit.

J'ai distingué des rosettes de trois formations (voyez le tableau ci-dessus); j'ai ajouté que d'ailleurs l'observation ne m'avait pas donné lieu de soupçonner qu'il y eût entre elles aucune différence.

Pourquoi donc ces rosettes ne fleurissent-elles pas toutes, et toujours l'année qui suit leur formation? Pourquoi y a-t-il à cet égard, entre elles, tant de diversité? Comment se fait-il enfin qu'un arbre, quoique chargé de rosettes, ne donne quelquefois ni fleurs ni fruits?

J'avais indiqué, dans mon ouvrage cité plus haut, plusieurs causes de l'alternat des arbres à fruits; j'avais avancé que le retour ou l'absence de la sève dite d'août, et la qualité de cette sève suivant la saison, devaient exercer une influence probable sur leur fructification prochaine et éloignée; et je renvoie à cet égard à mes observations : cependant, depuis, de nouvelles observations m'ont fait naître l'idée que, non-seulement les saisons, la variété d'espèces, l'exposition plus ou moins grande à l'air, au soleil, au cours direct de la sève, mais plus particulièrement encore le nombre des rosettes, devaient influer sur la durée de temps nécessaire à leur perfectionnement. Quand on considère en effet le nombre prodigieux des rosettes dont les arbres peuvent être chargés, soit sur la totalité de leurs branches, soit sur un point déterminé, ce qui est plus nuisible encore (car sur une seule brindille l'on en compte quelquefois plus de vingt, et chacune de ces vingt ayant elle même une très-grande quantité de germes à fleur), comment peut-on s'imaginer qu'il se trouve pour chacun d'eux une nourriture suffisante? Aussi, dans les vieux arbres, ces rosettes, contre leur nature, contre la nature des choses, ces rosettes ne développent que des feuilles : est-il donc étonnant alors qu'au lieu d'une année, il leur en faille une, deux, trois et plus, pour acquérir leur perfectionnement ?

Un arbre qui a été fatigué pour avoir trop rapporté de fruit, peut, faute de sève, ne point former du tout de rosettes ; mais, s'il lui reste encore un peu de force, il peut, au lieu de branches à bois, former des rosettes ; et s'il les forme en trop grand nombre, elles seront nécessairement faibles, il leur faudra donc aussi plus de temps pour se perfectionner.

Il arrive parfois aux arbres sauvages (qui par parenthèse ne sont jamais taillés, et dans lesquels par conséquent le cours direct de la sève n'est pas interrompu), de se charger d'une immense quantité de fruits ; ils peuvent en être tellement affaiblis, que toutes les branches et yeux à bois qu'ils devraient fournir, se tournent en rosettes ; de là donc aussi une immense quantité de rosettes ; hors d'état de suffire à leur perfectionnement dans un court délai, ils les conservent pendant plusieurs années, sans qu'aucune d'elles fleurisse, leurs progrès, faute de nourriture, étant très-lents. Pendant ce temps, les arbres paraissant se reposer, alternent, dit-on, quoiqu'au fond ils soient sur-

4 *

chargés de travail, en pure perte il est vrai, pour le cultivateur, du moins pour le moment.

Quelques praticiens ont prétendu qu'à l'inspection d'une rosette, soit à sa forme pleine et arrondie, soit encore plus au nombre de feuilles dont elle est couronnée, il leur était possible d'assigner au juste l'époque de sa floraison : il peut y avoir beaucoup de fondement à cette opinion ; on doit cependant y admettre quelques restrictions.

Si, comme je le pense, ce sont les feuilles qui, en élaborant la sève, la rendent propre à la fructification, il semblerait que, plus le nombre des feuilles est grand dans une rosette, plus le terme de sa fructification est proche, et qu'on pourrait le prédire : mais cette élaboration de sève due aux feuilles ne tient pas plus à leur nombre qu'elle ne tient à leur grandeur ou à leur degré d'énergie ; c'est à quoi il faut faire bien attention. On voit dans les jeunes arbres de semis, dès leur première ou seconde année, de faibles brindilles garnies de faibles rosettes, et ces rosettes n'en sont pas moins munies du nombre de feuilles désirable ; elles ne fleurissent cependant pas. On a beau, comme je l'ai fait, les suivre d'année en année, on n'y remarque que très-peu de progrès, et le nombre de eurs feuilles, parvenu à son maximum, peut décroître ensuite; et ces rosettes elles-mêmes finissent par s'oblitérer. Voilà donc des rosettes qui, au lieu d'aller en croissant, vont en décroissant; et il n'est pas difficile d'en trouver la raison. On pourrait dire d'abord que, l'arbre étant encore trop jeune, la sève n'a pas eu le temps de s'y perfectionner; mais je négligerai cette considération, n'en pouvant donner la preuve, et je m'en tiendrai à dire que, dans ces jeunes arbres, ou les rosettes sont en trop grand nombre, et elles périssent faute de nourriture; ou la sève s'emporte ailleurs, et les néglige. Dans les vieux arbres, le nombre des feuilles des rosettes peut aussi aller en décroissant, et les rosettes elles-mêmes périr. Ce n'est pas, chez eux, parce que la sève s'emporte ailleurs, ce n'est pas même faute de sève appropriée : mais c'est tout simplement parce que la sève elle-même manque. Dans ce cas, le retranchement de la plus grande partie de ces rosettes me paraîtrait être le véritable remède, celles qui resteraient devant profiter de la nourriture de celles qu'on supprimerait.

On pourrait m'objecter ici, qu'il serait à craindre que le retranchement d'une partie des rosettes ne fît développer les autres à bois : je ne le pense pas ; ou du moins, si cet effet était produit, je pense qu'il n'aurait lieu que sur quelques-unes d'entre elles, c'est-à-dire sur celles placées à l'extrémité ; au surplus, cet effet serait également produit par la taille.

Cette objection donne lieu naturellement aux deux questions suivantes :

1°. Lorsqu'on retranche à un arbre un de ses membres, comme une partie quelconque de branche, la sève qui était destinée à nourrir la partie retranchée profite-t-elle plus particulièrement à la partie restante, ou reflue-t-elle indifféremment dans l'arbre entier ?

2°. Lorsqu'on retranche à un arbre plusieurs rosettes, soit isolées, soit réunies sur une brindille, la sève qui devait les nourrir reflue-t-elle au profit de l'arbre tout entier, ou étant supposée d'une qualité plus élaborée que la sève à bois, profite-t-elle aux rosettes conservées en général, ou plus particulièrement à celles voisines des rosettes retranchées?

Je ne pense pas qu'on soit assez riche en observations pour résoudre affirmativement ces questions. Il y a cependant quelque lieu de présumer que la sève ayant habitude de prendre son cours vers la partie retranchée, les fibres destinées à la charrier sont portées à continuer leur office, et que le reste de la branche en profite plus particulièrement. Quant à décider s'il y a d'avance une sève élaborée répandue dans la totalité de

l'arbre , et destinée spécialement à la nourriture
des rosettes, ou si cette sève ne s'élabore que dans
les rosettes elles-mêmes ; si enfin elle passe de l'une
à l'autre, plutôt que de se reporter vers la production du bois, quoique j'aie par-devers moi quelques
raisons de pencher pour cette opinion , c'est-à-
dire que les rosettes restantes profitent de préférence de la sève destinée aux rosettes retranchées,
je n'y insisterai point , et j'attendrai un plus
grand nombre d'expériences pour prononcer affirmativement.

En attendant, raisonnons comme si le retranchement d'une partie des rosettes devait être
favorable aux autres ; chose, au surplus, qui ne
peut être douteuse au fond , car il ne s'agit ici
que du plus ou du moins.

Admettons , comme le plus éloigné pour l'entière perfection des rosettes, le terme de trois ans,
et voyons s'il serait possible ou d'avancer ce terme,
ou de le graduer de façon à ménager la production du fruit pendant trois années subséquentes.

Je suppose un arbre très-chargé de rosettes
d'inégale formation et d'inégale grosseur ; je par-
tagerais ces rosettes en trois séries destinées à
fleurir successivement. Dans la première série je
mettrais les rosettes les plus garnies de feuilles,
les plus arrondies, les plus grosses et les mieux

placées ; je n'en laisserais qu'une quantité très-
modérée, afin de hâter leur floraison. Dans la
seconde série, je rangerais les rosettes moyennes,
destinées à fleurir la seconde année; je les éclair-
cirais avec modération, pour ne pas trop les
avancer. Enfin, dans la troisième série, destinée
à fleurir la troisième année, je rangerais les plus
faibles et les plus mal exposées, qui se trouvent
ordinairement en très-grand nombre sur les brindilles ; je n'y toucherais pas la première année ;
j'attendrais à la seconde et à la troisième pour
les éclaircir modérément, afin de tenir un juste
milieu en ne hâtant pas trop, ni ne reculant trop
le terme de leur fleuraison. (N'ayant fait aucune
expérience pour m'assurer du succès de cette dernière opération, je ne la donne que comme très-
hasardeuse ; on peut l'essayer.)

L'époque du retranchement des yeux et des
boutons à fruits ou rosettes n'est pas, autant que je
puis préjuger, une chose indifférente : devrait-
on les retrancher dans le courant de la belle saison, et au fur et à mesure qu'ils se forment? la
suppression des feuilles et l'évaporation causée
par les plaies n'auraient-elles pas quelque inconvénient? Cette opération devrait-elle être remise
au printemps, ou plutôt être faite immédiatement après la chute des feuilles? Je ne sais, mais

je suis porté à croire qu'en la pratiquant à ce moment-là même, le travail intérieur de la sève (dont on ne peut contester l'existence , puisque dans les hivers doux il se manifeste même au-dehors) serait très-probablement avantageux pour les rosettes restantes; elles prendraient par-là plus de force et plus d'avance. Toute espèce de retranchement fait aux arbres avant l'hiver, doit certainement les fatiguer moins : la preuve en est dans le retard que la taille faite lors de la pousse occasionne aux arbres. Il faut cependant aussi faire entrer en considération l'utilité dont peut être ce retard, lorsqu'on a à craindre des gelées tardives.

Du Cassement.

Le cassement se pratique au moment de la taille sur l'extrémité des brindilles, pour faire produire des rosettes aux yeux placés immédiatement au-dessous , ou pour faire profiter celles qui y sont déjà. Le cassement est, dit-on, préférable à la coupe par la serpette, parce qu'il paraît s'opposer au développement à bois de ces mêmes yeux. Réussit-on toujours par ce moyen à l'empêcher ? Je ne sais si on n'obtiendrait pas plus sûrement le but désiré , en faisant une incision annulaire ou une ligature à la place du cassement: je conviens que l'opération serait un peu plus longue.

Le cassement se pratique aussi pendant la sève

et sur les nouvelles pousses, toujours dans la vue de procurer la fructification. J'ai fait là-dessus quelques expériences dont je vais rendre compte, en y ajoutant quelques réflexions.

Le cassement change-t-il réellement les boutons à bois en boutons à fruits? ou ne fait-il qu'avancer le développement de ces derniers? ou plutôt jusqu'à quel point peut-il opérer en même temps l'un et l'autre de ces effets? Si l'on pouvait à tout cela faire des réponses positives, il est certain que l'on serait en état de prononcer sur l'utilité de cette opération, ainsi que sur la place et l'époque où l'on devrait l'exécuter. Voici ce que m'a fourni le peu d'observations que j'ai pu faire, et les réflexions que ces observations m'ont suggérées.

Si au commencement de la sève du printemps, ou, du moins, dès qu'un bourgeon commence à se développer, on pince ou on casse son extrémité, la sève est suspendue momentanément, mais ne tarde pas à reprendre son cours ; et alors, l'œil qui est placé immédiatement au-dessous du cassement, se développe ordinairement seul (quoiqu'il arrive, mais rarement, qu'il s'en développe plusieurs); ce nouveau jet prend la place du principal, et ne présente rien d'extraordinaire : si le cassement se fait un peu plus tard, la même chose à-peu-près arrive, si ce n'est que le nouveau jet prend un peu moins d'accroissement en longueur ;

mais si le cassement est fait peu avant que la sève s'arrête, ou à ce moment-là même, et d'autant qu'il est plus tard, le nouveau jet prend d'autant moins d'accroissement en longueur, mais il en prend un peu plus en grosseur, tellement qu'il devient quelquefois plus gros que le jet qui le supporte, et il se termine assez communément par un bouton à fruit qui fleurit et fructifie l'année suivante. Il est encore possible que, si l'opération n'a lieu que lorsque la sève est complétement arrêtée, l'œil immédiat, au lieu de se développer, comme je viens de le décrire, émette au-dehors quelques petites feuilles nouvelles en forme de rosette, ou se borne à prendre un certain accroissement en grosseur, pour porter fleur et fruit l'année suivante; ce sur quoi il ne faut cependant pas trop compter. Il est même encore possible que, si la seconde sève, dite sève d'août, reprend avec beaucoup de force, ce bouton se développe à bois seulement. Au surplus, j'avoue que je n'ai point encore assez étudié cette partie pour pouvoir prévoir tous les cas possibles, d'autant que nos années et nos saisons sont si irrégulières et se ressemblent si peu, qu'elles sont faites pour dérouter les plus attentifs observateurs (1).

____

(1) C'est ce qui est arrivé en cette année 1818, où l'extrême sécheresse de l'été a contrarié tous les effets attendus.

D'après cet exposé, l'on voit que selon que, lors du cassement, la sève a plus ou moins de force, le jet supplémentaire prend plus ou moins de longueur; qu'en raison de la moindre longueur il prend plus de grosseur proportionnelle, et qu'en raison du plus de grosseur il se dispose mieux à fruit. Il paraîtrait donc que, pour le mettre à fruit, il faudrait l'effectuer le plus tard possible. Voilà bien quelques données sur le moment le plus favorable : voyons présentement la place la plus convenable.

Effectuer le plus tard possible le cassement me paraissant donc être préférable, il en résulterait que l'opération devrait se faire sur les derniers yeux du jet de l'année; mais comme ce sont précisément ces derniers yeux qui doivent, l'année suivante, fournir les plus belles rosettes, l'on peut présumer, avec assez de fondement, que le jet supplémentaire ne donne un bouton terminal à fruit que parce que l'œil qui le fournit était, dès le principe, destiné à fournir par suite une rosette : d'où l'on conclurait assez volontiers que le cassement n'a rien changé à la nature de cet œil, mais qu'il ne fait que le développer par anticipation, et le porter au bout d'un jet, au lieu de lui faire terminer une rosette. Ceci n'est, au surplus, qu'une conjecture ; car l'on sait qu'il est difficile de déterminer, d'une manière absolue, si, sans le cassement, l'œil qui en est résulté eût donné, ou non, une rosette. Je pense néanmoins que lorsqu'on connaît assez son arbre et sa manière d'être, il n'est pas impossible d'estimer à quelle place doivent sortir ses branches à bois ou ses branches à fruit.

D'un autre côté, comme nous le verrons ailleurs, il y a des cas où les rosettes se manifestent aux yeux inférieurs d'un jet ; il est alors assez probable que le cassement devrait être exécuté immédiatement au - dessus de ces yeux inférieurs, afin de les forcer à se mettre en évidence.

Il peut encore arriver que, sur le vieux bois, il y eût des rosettes latentes ou des yeux qui dorment, par telle cause que ce soit, et que ces yeux, dans le principe, eussent été destinés à former des rosettes ; s'il était possible de déterminer la position de ces yeux, il est encore probable que le cassement pratiqué immédiatement au-dessus d'eux, les mettrait également en évidence.

Lorsqu'on opère le cassement sur une brindille, les rosettes placées au-dessous en profitent ; mais, opéré au - dessus d'une rosette placée sur une forte branche à bois, n'y aurait-il pas à craindre qu'il ne la fît développer à bois ? je ne le crois pas ; cependant je n'en répondrais pas.

Les idées que je viens d'exposer sur la propriété fructifiante du cassement, ne sont pas tout-à-
fait celles des praticiens qui l'ont conseillée ; il
paraîtrait qu'ils attribueraient la mise à fruit, non
pas au mécanisme de l'opération , mais à ses résultats physico-chimiques. Ils semblent en voir
la principale cause dans l'évaporation de sève qui
a lieu dans la partie fracturée ; car ils recom-
mandent de casser, et non de couper avec la serpette. Il serait intéressant de constater s'il y aurait
réellement quelques différences entre casser et
couper ; et s'il n'y en avait point, on en conclurait que l'évaporation n'y entre pour rien ; et s'il
y en avait, j'aimerais autant croire que le cassement produit dans les fibres du bois et de l'écorce
une irritation, ou même une espèce de désorganisation (par désorganisation on doit entendre
ici plutôt déplacement ou altération, que décom-
position d'organes). En rappropriant avec la
serpette les dommages causés par la fracture, la
différence du succès obtenu porterait à se décider
ou pour l'évaporation ou pour l'irritation.

Je hasarderai en outre quelques conjectures.
On pourrait supposer que le cassement pratiqué
au moment ou la séve perd de sa force, contribue
encore à l'affaiblir et à la modifier, en la faisant

dévier de son cours naturel, et que cela suffit pour déterminer la mise à fruit.

Voici néanmoins un autre fait un peu contradictoire; le cassement opéré, même après que la sève est complétement arrêtée, occasionne un gonflement très manifeste dans l'œil qui lui est inférieur; il faut donc supposer, malgré le repos de la sève, un restant de force aspirante de la part des fibres correspondantes à celles retranchées, et admettre que la sève latente, destinée à perfectionner cette partie retranchée, n'y trouvant plus son débouché ordinaire, se rejette sur l'œil le plus voisin, et y opère un grossissement.

On voit, d'après tout cela, qu'il est difficile de prononcer si la mise à fruit résultante du cassement est la suite de l'évaporation et de la modification de la sève ou de l'irritation. Il reste donc beaucoup à désirer sur ce qui est relatif au cassement, et cette connaissance utile au progrès de la culture, le serait encore davantage pour ceux de la physiologie végétale.

P. S. L'action du cassement, comme je l'ai déjà fait observer, ne se fait pas seulement sentir sur l'œil ou bouton placé immédiatement audessous; il réagit encore, quoique plus faiblement, et d'autant plus faiblement qu'il s'en éloigne davantage, sur tous les yeux ou boutons inférieurs de la branche soumise à cette action. Lorsque la sève est encore dans sa force, au moment de l'opération, plusieurs yeux peuvent se développer, mais plus communément il ne s'en développe qu'un seul ; mais celui ou ceux qui se trouvent au-dessous forment en premier lieu des rosettes allongées ou fausses rosettes, plus bas de véritables rosettes ; ceux placés encore plus bas prennent seulement un peu de grosseur, le tout en raison de la vigueur de l'arbre et de la force de la sève. On peut augmenter, par la suite, l'effet produit sur ces yeux inférieurs, en cassant de rechef le jet nouveau produit par le premier cassement ; si la sève est encore active, l'œil immédiat placé au-dessous du second cassement pousse encore quelquefois tout seul, sinon une nouvelle commotion se communique à tous les yeux, boutons et rosettes inférieurs ; quelques-unes font une espèce de mouvement, mais tous en profitent plus ou moins sensiblement.

On peut encore pratiquer le cassement sur le vieux bois ; si on le fait trop tôt, on détermine la sortie d'un œil à bois : mais si on le fait à propos, les rosettes placées au-dessous en profitent, et il peut arriver qu'un reste de sève, ou le retour de la sève d'août, à défaut de rosettes actuelles sur lesquelles il puisse agir, fasse sortir quelques nouvelles rosettes latentes.

L'endroit où la pousse de l'année se joint à
l'ancienne, là où il y a une espèce de bourrèlet
formé à leur point de réunion, est plus gros, plus
nourri, plus velouté, si l'on peut parler ainsi,
plus abondant en parenchyme que toute autre
partie. Quoique cet endroit ne soit pas spécialement consacré à l'apparition des rosettes ou boutons à fruit, il semble que, lorsqu'il y en apparait,
soit spontanément, soit par accident fortuit ou
préparé à dessein, les rosettes ou boutons à fruit
sont également plus gros et mieux nourris. Cela
peut s'expliquer, en ce que dans cette partie
l'écorce étant plus épaisse, plus veloutée, plus
abondante en parenchyme, les boutons qui en
sortent sont, dès leur naissance, accompagnés
et recouverts de cette écorce épaisse et veloutée.
Ne conviendrait-il pas d'opérer le cassement à
cet endroit-là même? C'est ce que je me propose
d'essayer.

(Toutes choses égales d'ailleurs, le parenchyme
paraît être d'autant plus abondant sur une branche ou partie de branche, que ses yeux et ses
feuilles sont moins distans les uns des autres,
et *vice versâ;* d'où l'on pourrait conclure que,
s'il a diminué en raison de cet éloignement, c'est
qu'il a servi au développement de l'écorce intermédiaire; et, dans ce dernier cas, il est d'autant

moins capable de servir à la nourriture du bouton à fruit.)

On doit être convaincu, d'après tout cela, que le lieu et l'époque du cassement sont difficiles à déterminer; il faut saisir l'à-propos pour ne pas faciliter l'émission d'un œil à bois au lieu d'un œil à fruit. Il ne faut pas le pratiquer trop tard, parce qu'alors on n'en obtiendrait aucun effet : on peut dire, en général, qu'il faut l'effectuer plus bas et plus tôt sur les arbres faibles que sur les arbres forts, plus haut et plus tard sur les arbres forts, et se conduire d'après les mêmes principes, en raison de la force de la sève, observant que dans les différentes parties du même arbre, les branches faibles, latérales, inclinées, arquées, incisées, doivent être opérées plus tôt que la maî-tresse tige sur laquelle l'ascension de la sève se maintient plus long-temps à cause de son cours direct.

En variant les procédés du cassement, en les combinant avec quelques autres, tels que l'incision annulaire, l'arqûre, etc., on peut augmenter beaucoup son efficacité, et l'on parvient ainsi à en obtenir des résultats assez singuliers. (Voyez *Annales d'Agriculture*, tome II, 2ᵉ. série, p. 255.)

Remarques sur les épines du poirier.

Les poiriers sauvages ont une grande partie de leurs branches terminée par des épines ; quelques-uns de nos poiriers domestiques en offrent aussi ; mais comme elles y sont en beaucoup moins grande quantité, on en a conclu assez naturellement que, plus ils étaient perfectionnés par la culture, moins ils en avaient. On présume encore que l'âge contribue à les faire disparaître : tout cela est vrai jusqu'à un certain point ; mais nous allons voir comment il faut l'entendre.

J'ai fait beaucoup de semis de pepins de poires cultivées des meilleures espèces ; j'ai choisi à dessein les plus perfectionnées, notamment le doyenné, qui peut être regardé comme tel. J'ai employé aussi les pepins de plusieurs excellentes poires nouvelles, envoyées à la Société royale d'agriculture par M. Van Mons, de Bruxelles, qui paraissent être ce qu'on peut avoir de mieux en ce genre : tous mes jeunes arbres ont eu plus ou moins d'épines. Comment suis-je assez malheureux, me disais-je, pour n'avoir, malgré mes précautions, que des poiriers épineux, n'ayant choisi que de bonnes espèces ? Et tant d'autres avant moi ayant si bien réussi, cela me paraissait fort singulier.

Continuant d'examiner dans mes bois les poi-

5 *

riers sauvages, avec plus de soin que je ne l'avais fait jusqu'alors, mais toujours dans l'entière persuasion que tous devaient être à-peu-près également épineux, je remarquai que, si les uns en offraient une très-grande quantité, d'autres en avaient beaucoup moins ; quelques-uns même n'en avaient pas du tout, ou en offraient à peine des vestiges. Jusque-là rien de merveilleusement étonnant ; mais, ce qui me le parut beaucoup plus, ce fut de trouver des individus qui en étaient absolument dépourvus sur quelques-unes de leurs parties, tandis que, sur le même arbre, on en voyait dans d'autres parties des quantités incommensurables.

J'avais cru d'abord, et cela était tout simple, qu'il pouvait y avoir des espèces plus ou moins épineuses, à tous les degrés possibles ; mais je fus bientôt détrompé : en effet, trouver sur le même arbre des parties chargées d'épines, d'autres parties absolument dépourvues, indiquait assez que la variété seule n'y entrait pas pour beaucoup. Cette dernière observation me mit sur la voie.

Les épines du poirier ne sont pas, comme on le sait fort bien, parsemées plus ou moins régulièrement sur l'écorce, comme les aiguillons des rosiers et autres arbustes épineux ; elles sont la continuation des fibres ligneuses, et la terminaison de cer-

taines branches, dont le dernier œil ou bouton
avorte, et laisse à nu l'extrémité de la jeune tige,
qui reste pointue, parce que n'ayant plus d'œil
ou de bouton à nourrir, elle ne prend point d'accroissement en grosseur : mais il s'en faut de beaucoup que toutes les branches du même poirier
soient également et indistinctement terminées
par une épine ; jamais l'œil ou le bouton terminal
d'un poirier, si jeune, si vigoureux et si sauvage
qu'il soit, ne forme une épine ; jamais non plus
les maîtresses branches, destinées à former la tête
de l'arbre, ne sont terminées par une épine ; il n'y
a de pointues que les branches latérales et secondaires, et encore ne le sont-elles pas toutes. Y
a-t-il quelque régularité dans l'épineux ou le non
épineux de ces branches latérales ? c'est ce que je
ne puis précisément déterminer : mais pourquoi
les épines ne se forment-elles que sur les branches
latérales ? c'est sur quoi je puis donner quelques
éclaircissemens, ainsi que sur le lieu et sur la
manière dont elles se forment.

Lorsqu'un poirier sauvage est parvenu à un
certain âge, à un certain degré d'accroissement,
qu'il est en état de fructifier régulièrement, il est
assez ordinaire que ses branches poussent modérément et uniformément, et qu'il ne s'emporte
sur aucun point. Les boutons terminaux de ses

branches s'allongent sur un seul jet, comme c'est l'ordinaire, et sur le bois de l'année précédente se développent également branches à bois et rosettes, chacune à leur place; il y a entre toutes les parties de cet arbre, que jamais la serpette n'a contrarié, un équilibre naturel qui ne peut être dérangé que par quelque circonstance accidentelle. Sur un poirier aussi bien réglé, il est possible de ne trouver aucune épine actuelle; c'est tout au plus si, avec beaucoup d'attention, on pourrait retrouver la place de celles qui ont pu exister; il ne paraît pas s'y en former de nouvelles, et il est possible qu'il n'y en reparaisse jamais.

Mais si ce poirier si bien réglé, et en conséquence si bien débarrassé d'épines, éprouve quelque accident; qu'une de ses branches tant soit peu forte soit coupée ou cassée, sur le jet nouveau qui sort au-dessous de la cassure et de la coupe, aussitôt reparaissent de fortes et nombreuses épines; la même chose arrive, si sur le corps de l'arbre il s'élance quelque gourmand, si de son pied poussent quelques rejetons, et, à plus forte raison, s'il est recepé sur sa tête, et encore mieux sur le pied. A la suite de ces opérations s'opère une espèce de rajeunissement; des jets nouveaux poussent vigoureusement; les épines paraîtraient donc compagnes de la jeunesse et de la vigueur : cette

opinion est vraiment fondée ; c'est bien là le pourquoi , mais ce n'est pas le comment. Que si l'on
examine avec soin le développement deces jeunes
et forts rejets, l'on ne tarde pas à s'apercevoir d'une
particularité qui leur est propre ; c'est que presque
tous ces jets, au lieu de s'allonger sur un seul brin,
développent en même temps , et par anticipation
sur l'année subséquente , tous ou presque tous
leurs yeux latéraux secondaires ; et ce sont ces
yeux latéraux secondaires , developpés par anticipation , qui seuls sont terminés par une épine.
Les plus fortes, les plus longues de ces épines
se trouvent ordinairement au tiers ou au milieu
de la hauteur du jet principal de l'année , et offrent
la forme pyramidale que j'ai décrite page 44.
C'est ainsi, et non pas autrement, du moins j'ai
cherché en vain ailleurs, que se forment les épines
du poirier.

Mais pourquoi, dira-t-on, dans ces sujets jeunes
et vigoureux, sauvages ou domestiques, tous les
yeux latéraux secondaires , développés par anticipation, ne sont-ils pas toujours et toujours également épineux ? c'est ce qu'il n'est pas aisé d'expliquer. Tout ce que je puis dire, c'est que dans
les sauvageons proprement dits, et dans ceux qui
s'en rapprochent le plus , le nombre des rosettes ,
des fruits et des yeux me paraît proportionnelle-

ment plus considérable que dans les poiriers domestiques. Les poiriers sauvageons, quoique doués
d'une plus grande énergie , s'emportent d'abord
avec une vivacité telle , que leurs forces réelles
n'y répondent pas toujours. Ces petites branches
épineuses , produits d'une végétation luxuriante
dans le principe, dus à l'élan d'une fougue immodérée de la sève , peuvent être considérés comme
des enfans perdus , que la sève plus ralentie n'a
ni le temps, ni les facultés de nourrir; elle ne peut
suffire à leur subsistance , ils sont abandonnés à
eux-mêmes , l'œil terminal avorte , l'extrémité
reste nue et sèche , elle est changée en épines.

Au surplus , la forme conique affectée aux
épines est déterminée par leur base , et dès leur
sortie de la jeune tige ; telles elles naissent , telles
elles s'accroissent, le faux œil qui doit les terminer
n'ayant pas le temps de prendre aucun accroissement en grosseur. Il n'en est pas ainsi des yeux
ou boutons formés sur une branche plusieurs mois
avant de s'épanouir. Dès le commencement de
leur apparition , soit pendant la belle saison, soit
même pendant l'hiver qui précède leur épanouissement, leur émission hors de la tige leur permet
de s'arrondir et de prendre une grosseur supérieure à celle de leur support futur; comparables
à l'œuf sorti du corps de la poule , une vitalité

particulière semble leur être propre. Ils paraissent,
de plus, jouir d'une aspiration affectée à leur essence. L'espèce de col ou de nœud qui unit tout
bouton à sa tige, y forme un étranglement qui,
généralement dans toutes les plantes, opère au-
dessus de lui un grossissement, un gonflement
dont on ne fait encore que soupçonner la cause ;
ce gonflement permet à la sève d'y accumuler
les élémens du parenchyme. Cet effet, comme
on le sent bien, ne peut avoir lieu dans l'œil
terminal de l'épine, qui prend son essor, pour
ainsi dire, avant d'exister.

Les arbres anciennement cultivés, soumis à des
transplantations qui mutilent leurs racines, multipliés depuis longues années par des greffes successives, sont presque dépourvus d'épines. C'est
un effet de la culture, sans contredit : mais doit-
elle être envisagée ici comme agissant sur les
mêmes individus, constamment et avec la réunion
de plusieurs auxiliaires, tels qu'amendemens, la-
bours, transplantation, taille, etc., ou seulement
par des moyens de multiplication forcés, tels que
marcotte, bouture et greffe, pratiqués à différentes
époques sur la même espèce, mais non sur les
mêmes individus, et tendant à les renouveler,
sans cependant leur donner une nouvelle vie, ni
leur imprimer une nouvelle création, chose qui

ne peut avoir lieu que par le semis? Les arbres propagés par les boutures, la greffe, etc., passent pour être moins vigoureux, sont regardés comme abâtardis, non pas quant à la qualité du fruit, mais bien quant à la production de la semence et à la constitution des individus : et si l'époque de la plus grande force d'un arbre a pour limites un âge fixe; si, passé ce terme, elle doit aller en décroissant progressivement, que devons-nous penser de l'arbre qui, transplanté dans nos jardins avec les apparences trompeuses de la jeunesse, porte cependant, au moyen de la greffe, un bois peut-être réellement âgé de plusieurs centaines d'années?

Il y a cette grande différence entre la multiplication par greffe ou bouture, et celle par semis, que la première ne change pas essentiellement l'espèce ni la variété de l'individu, telles modifications qu'elle puisse d'ailleurs lui imprimer, et que le semis, au contraire, peut le changer au point de le rendre méconnaissable. C'est dans les plantes cultivées sur-tout que les différences sont plus sensibles. Il paraît néanmoins que, par le semis, les arbres à fruits tendent assez fortement à remonter à leur primitive origine, et que les pepins des pommes et poires cultivées ne se ressentent que jusqu'à un certain point des modifications produites par la culture sur les arbres auxquels elles étaient attachées ; d'où il suit qu'elles paraissent tenir plutôt du naturel du jeune arbre franc de pied, type de leur variété, peut-être épineux lui-même, que du naturel des greffes successives qu'il a pu fournir depuis par l'intermédiaire d'autres individus plus domestiques ; en sorte que les semis de ces poires offrent des épines comme leur type original, bien qu'elles aient été cueillies sur des individus non épineux, ou ayant perdu leurs épines.

Il s'ensuivrait de là que les modifications imprimées par la greffe, telles que la perte des épines, la saveur plus agréable des fruits, etc., ne seraient que passagères, et qu'à la première occasion favorable, les traces en devraient disparaître. Tout ceci cependant n'est que conjectural, et, pour décider affirmativement, il faudrait semer comparativement des pepins de la même variété de poires cueillie sur franc de pied, sur sauvageon greffé et sur cognassier, afin de s'assurer des différences qui pourraient se trouver sur les individus produits, relativement à leurs épines et à la qualité de leurs fruits.

Quoique hasardées, je n'abandonne point mes conjectures ; il m'est agréable de prévoir que, pas à pas, mes jeunes poiriers de semis, perfectionnés par la greffe, perdront leurs épines ; que

leurs fruits gagneront en saveur, et qu'ils ne seront pas en cela moins heureux que leurs devan-
ciers. Je suis d'autant plus fondé à le croire, que
je suis parvenu à découvrir des épines, quoique
rares, sur des poiriers domestiques auxquels je
n'en aurais pas soupçonné. Les épines ne sont
donc point essentiellement inhérentes à la nature
du poirier. Les individus de l'espèce, soit réunis
par variétés, soit pris isolément, soit même considérés dans les diverses parties du même arbre,
peuvent n'avoir pas du tout d'épines, en avoir
quelques-unes, en avoir beaucoup, et même après
cela définitivement les perdre. Cette dernière disposition doit aller en augmentant par diverses
considérations, d'autant qu'il est tout naturel de
prendre de préférence des greffes sur les parties
les moins épineuses des individus les moins épineux, et que les épines n'étant elles-mêmes produites, ainsi que je l'ai exposé plus au long, que
par le développement anticipé des yeux latéraux secondaires, occasionné par une fougue immodérée
de la sève, cette faculté doit devenir d'autant plus
rare, que nos arbres domestiques se multiplient
de plus en plus par les greffes, moyen de multiplication auquel on attribue l'affaiblissement pro-
gressif des individus, en même temps que le perfectionnement de leurs fruits.

Mais revenons-en à la formation et aux propriétés de nos petites branches épineuses, ou de
nos épines.

Le bois dont ces épines sont formées y est plus
dur qu'ailleurs; l'écorce paraît y être plus mince,
et le parenchyme moins abondant; par un effet
de cette terminaison en pointe aiguë et dénuée
de bouton aspirant, la sève y arrive avec peine :
aussi, enfreignant cette loi générale qui veut que
les yeux et boutons supérieurs soient les premiers
à partir à la sève du printemps, et prennent en
raison de cela une grande avance, les yeux de
l'extrémité de l'épine, peu nourris, avortent-ils
toujours.

Par une suite de ce même affaiblissement de la
sève dans les pointes, ces petites branches épineuses, à moins d'accident particulier, n'émet-
tent point d'yeux à bois; tous ceux qui n'avortent
point en raison de leur position aux deux extré-
mités supérieures et inférieures, fournissent des
rosettes : mais, par la même raison, ce ne sont
pas, comme dans les brindilles ou les branches à
bois ordinaires, les rosettes supérieures qui prennent le plus d'accroissement; les plus belles se
trouvent ici au milieu, ou plutôt aux deux tiers de
leur hauteur. Dans le système des classificateurs
de branches, ces épines devraient donc être regar.

dées , non comme branches à bois , puisqu'elles n'en fournissent jamais , mais comme brindilles, puisqu'elles se chargent toujours de rosettes. Or, quoi de moins semblable à une brindille , ou à ce que nous reconnaissons comme tel , qu'une petite branche large à sa base , mais terminée en pointe aiguë , sèche et dure , par une épine enfin , au lieu de l'être par un bouton bien nourri et bien arrondi , qui peut fleurir et fructifier lui-même , tel qu'est celui de la brindille?

Que si ces petites branches épineuses , quoique d'ailleurs si peu semblables aux brindilles , paraissent cependant en remplir les fonctions par leur aptitude à se charger de rosettes , on ne devra point s'en étonner ; c'est une conséquence nécessaire du système que j'ai établi plus haut , que la modération du cours de la sève est la cause prochaine de la fructification.

En effet , et sans être obligé d'imaginer une propriété physique particulière aux pointes , en considérant l'épine dure et sèche qui , au lieu d'un gros bouton aspirant , sert de terminaison à ces branches , soit qu'on suppose qu'à raison de sa petitesse ou de son insensibilité elle se refuse à admettre la sève , ou que celle-ci une fois admise , mais y étant comprimée , ne puisse être refoulée franchement , par une surface plate ou arrondie, telle que la lui présenterait un bouton arrondi, ou la coupe bien nette de la serpette, soit qu'on pense que les fibres ligneuses de l'épine, douées d'une vitalité déjà très équivoque, réagissent d'une manière nuisible sur la sève; soit qu'on veuille que celle-ci, dans son arrivée, se trouve altérée par son contact avec celle qui déjà séjournait et dormait dans les épines, on ne peut se refuser de convenir que, dans ces branches épineuses, la sève ne peut avoir ni un cours rapide, ni même une marche bien régulière.

Au reste, au bout d'un certain temps, la vitalité de ces épines, annoncée comme déjà très-équivoque, disparaît totalement. Cessant de prendre nourriture, la pointe se dessèche et tombe; les rosettes qui lui sont inférieures subsistant toujours, leur support ne paraît et n'est plus terminé par une épine; il n'en reste même aucune trace, et par la suite, on ne se douterait plus que ces rosettes ont été produites sur des épines.

Une grande partie cependant de ces mêmes rosettes avorte, ou, pour mieux dire, après avoir pris un certain accroissement, finissent par dépérir, et il n'en reste que la qualité convenable. On n'en peut accuser que leur trop grand nombre; il était impossible que l'arbre les nourrît toutes. J'ai déjà fait remarquer que les poiriers sauvages paraissaient se charger d'une plus grande quantité de rosettes et de fruits que les poiriers domestiques, quoiqu'en dernier résultat, à raison de la petitesse des fruits, le volume total n'en fût peut-être pas plus considérable; mais c'est une opinion assez généralement admise que la production de la graine épuise le plus; et comme elle est réellement plus abondante dans les sauvageons, c'est peut être une des raisons qui les rend plus sujets que d'autres à alterner.

Ce serait, au surplus, une chose assez curieuse, et même assez intéressante par son objet d'utilité, que de savoir si réellement, et à mesure égale de fruits, l'arbre qui rapporte de gros fruits, étant proportionnellement moins chargé de graines, en est réellement moins épuisé.

Résumé.

La taille n'étant pas dans la nature, sa pratique a dû nécessairement entraîner beaucoup d'inconvéniens; de quelque perfectionnement dont elle puisse être susceptible, et quelque méthode qu'on lui substitue, on doit s'attendre, ou à retrouver les mêmes inconvéniens, ou à en rencontrer de nouveaux: c'est à en diminuer le nombre et la gravité que l'art doit tendre; c'est en étudiant la végétation des arbres à fruit, qu'on peut espérer d'y parvenir ; c'est la marche que j'ai suivie, et si je n'ai pas rempli mon but, on pourra du moins se convaincre que ce n'est pas faute d'avoir observé. En faisant à la taille des reproches qui m'ont paru très-fondés, j'ai proposé quelques substitutions nouvelles ; je m'attends bien que leur adoption trouvera des obstacles : on m'objectera que les retranchemens de branches, de rosettes, que j'ai proposés, ne sont pas non plus dans la nature. Je vois cependant entre le raccourcissement opéré par la taille et les retranchemens de branches et rosettes, cette grande différence ; c'est que, dans l'ordre naturel, rien ne se rapproche, rien ne ressemble à ce raccourcissement, rien ne peut l'autoriser, et qu'au contraire les retranchemens que je propose sont l'imitation de ce qui se passe tous les jours sous nos yeux. Car nous voyons que lorsqu'un arbre prend un grand accroissement, tant en hauteur qu'en étendue, ses branches inférieures périssent d'elles-mêmes, faute d'air et de nourriture ; il en est de même, et par la même cause, des nombreuses branches, brindilles et rosettes que cet arbre renferme dans son intérieur. Retrancher entièrement toutes ces parties qui, s'affamant et se nuisant réciproquement, finissent par s'étouffer, ce n'est point contrarier la nature ; ce n'est

qu'anticiper sur son ouvrage ; c'est faire actuellement ce qu'elle aurait fait plus tard. Retrancher,
comme je le conseille, la plus grande partie des
rosettes, c'est, me dira-t-on, sacrifier l'espoir de
la récolte, jamais il ne noue trop de fruit, ou il
en tombe toujours assez ; mais c'est parce qu'on
laisse trop de boutons à fruit, qu'il en noue trop
peu, ou c'est parce qu'il en noue trop qu'il en
tombe tant. Le moyen d'en avoir assez, c'est de
n'en conserver que ce qu'il faut ; on n'a rien, jus-
tement parce que l'on veut trop avoir : il vaut
mieux empêcher le fruit de venir en trop grande
abondance, que de le voir tomber, ou de le supprimer lorsqu'il est tout venu. Un sacrifice fait à
temps et de bonne grâce, vaut mieux qu'un sacrifice tardif et forcé : et n'est-ce donc rien,
d'ailleurs, que d'empêcher un arbre de s'épuiser?

Pour simplifier mon sujet autant que possible,
et ne pas risquer de m'égarer en allant au-delà
de mes connaissances, j'ai commencé par dé-
clarer que je n'entendais considérer la taille qu'en
elle-même, et indépendamment des formes qu'on
est dans le cas de donner aux arbres, notamment
celle de l'espalier, etc., et que c'était seulement
des arbres à fruits à pepins, tels que poiriers et
pommiers, dont j'allais m'occuper pour le moment.

J'ai avancé que la taille détruisant inutilement

pour reconstruire, supprimant ce qui venait naturellement, pour y substituer le plus souvent
quelque chose de pis, était en contradiction perpétuelle avec la nature ; qu'on n'avait point assez
étudié celle-ci ; et, pour le prouver, j'ai cherché
à déterminer d'une manière plus précise qu'on
ne l'avait fait jusqu'ici, les points où l'on devait
attendre et le bois et le fruit, dans toutes les
circonstances possibles, et dans tous les cas qu'on
pouvait prévoir, points que la taille actuelle ne
respecte guère ; et je crois être parvenu à mon
but.

J'ai avancé que la nature n'avait point établi
de différences entre les branches à bois et les brindilles ; qu'elle n'avait point créé les brindilles
pour servir exclusivement de support aux rosettes, et que les rosettes, les plus belles et les
plus tôt formées, se manifestaient de préférence
sur les branches fortes, et non sur les branches
faibles ; j'y ajoute de plus que, dans les jeunes
pommiers de semis, c'est sur la maîtresse tige,
c'est sur le corps de l'arbre lui même que se présentent, sinon toujours les premières, au moins
toujours les plus belles rosettes ; et j'ai dit que, sans
être obligé d'employer ces dénominations de branches à bois et à fruit, un habile jardinier savait fort
bien où il devait attendre l'un et l'autre. J'ai fait

voir d'ailleurs que leur place n'était point fixée immuablement, et qu'elle pouvait dépendre beaucoup des saisons, des localités, de la vigueur plus ou moins grande de la sève, etc., etc. J'ai indiqué une partie des effets que l'arqûre, la greffe, l'incision annulaire, la transplantation et quelques autres opérations, pouvaient avoir sur le développement des yeux à bois et à fruit, et conséquemment sur la fructification.

J'ai établi, non pas comme naturelles, mais comme artificielles, et seulement pour faciliter l'intelligence de ce que j'avais à dire, des divisions entre les différentes manières de fructifier, quoique au fond je ne les regarde que comme des nuances ; c'est dans le même sens que j'ai aussi établi des divisions entre les arbres jeunes et forts d'une part, et les arbres vieux et faibles, d'autre part.

J'ai fait voir les inconvéniens graves qui résultaient du raccourcissement perpétuel et successif de toutes les branches, ce qui dans la jeunesse occasionne une pousse abondante de bois contraire à la fructification, une confusion de ramification, et nécessite un ébourgeonnement sévère, et ce qui dans la vieillesse empéche la séve de se porter directement aux branches à bois déjà trop faibles, en supprimant leurs boutons terminaux qui auraient plus de force aspirante que les faibles yeux placés au-dessous ; j'en ai conclu que les principes de la taille et de la conduite des arbres devraient être modifiés d'après leur force et leur âge, et d'après cela j'en ai indiqué trois différentes, savoir : taille de régularisation, taille à fruit et taille à bois.

Au lieu de ce raccourcissement, j'ai conseillé la suppression enttère de ce qu'il pouvait y avoir de trop nombreux en branches, brindilles et rosettes, et j'ai ajouté que, dans les vieux arbres sur-tout, il fallait s'attacher à la diminution des rosettes, et que ce retranchement ne pouvait avoir que des suites avantageuses.

Sans rien décider, faute de connaissances positives, j'ai discuté les deux questions suivantes :

1°. S'il y avait d'avance dans les arbres une sève différemment préparée pour le bois et pour le fruit, ou si la sève ne se préparait que dans chaque point en particulier, et si celle qui devait affluer dans les parties retranchées tournait généralement au profit de toutes les parties restantes, ou seulement au profit des parties semblables à elles (1);

______

(1) L'opinion que la sève s'organise à son entrée dans les différentes parties de l'arbre, est fortement appuyée par la considération que la couleur du bois du pêcher

2°. S'il y avait des époques préférables pour le retranchement de toutes les parties, et principalement des rosettes, et s'il y avait lieu de penser que pendant l'hiver la séve latente pût opérer un perfectionnement intérieur au profit des parties restantes.

J'ai indiqué comme supplémentaires et auxiliaires de la taille, dans la conduite des arbres, plusieurs moyens non pas nouveaux, mais trop peu employés, trop peu variés dans leur emploi et dans leurs combinaisons, la greffe, l'arqûre, l'éborgnement, l'incision annulaire, la transplantation, le recepage ou total ou partiel. J'ai donné une note particulière sur le cassement, et j'ai cité plusieurs faits à l'appui de mes opinions.

J'ai fait voir que la taille donnait peu de moyens, ou peu sûrs, de remédier à l'alternat, et après une discusion sur le temps nécessaire au développement et au perfectionnement des boutons à fruit et des rosettes, j'ai exposé mes idées

---

tranche net sur celle du bois du prunier sur lequel il est greffé, que la première feuille qui sort de l'œil d'une greffe prise sur un arbre panaché est aussi panachée que celles qui sortiront plusieurs années après au sommet de l'arbre qui est sorti de cet œil, que les *différentes parties* de la fleur, du fruit, de la graine sont fort dissemblables, etc. (*Note de M.* Bosc.)

sur ce qu'il y aurait à faire pour en avancer ou reculer l'époque, de manière à se ménager une fructification progressive et non interrompue.

J'ai donné un article particulier, assez étendu, sur les épines du poirier sauvage, sur la théorie de leur formation et de leur disparition, et sur la connexion qu'il pourrait y avoir entre cette dernière et la culture plus ou moins ancienne et plus ou moins perfectionnée.

J'ai ajouté quelques détails sur des poiriers que je me suis procuré par le semis, et principalement sur des pommiers venus par la même voie, dont quelques-uns offrent des particularités assez remarquables.

Enfin, j'ai conclu que la taille était loin de remplir son but, et qu'on ne pouvait absolument la regarder comme un art porté à sa perfection.

Quelques-unes des pratiques que j'ai conseillé d'y substituer ou d'y ajouter, sont minutieuses, il est vrai, et de longue exécution ; ce n'était pas une raison de les laisser ignorer, si elles peuvent être utiles ; les conseiller n'est pas forcer de les adopter. Le but de mes recherches tend bien à concilier la pratique et la théorie; mais, cherchant à combattre une méthode consacrée par l'usage, il était bon de ne rien négliger, et ne pouvant réclamer la pratique en ma faveur, il fallait m'appuyer sur la théorie, et me fonder sur des raisonnemens, des analogies. A défaut de faits positifs assez nombreux, je laisse à l'expérience le soin de les confirmer; je n'ai considéré que les avantages de la chose en elle-même; il sera temps par suite d'en discuter les avantages pécuniaires, ou plutôt, en cas de réussite, le cultivateur, ayant son intérêt pour guide, aura bientôt fait son choix. D'ailleurs, la beauté, la précocité du fruit, dans sa manière de calculer, entreront pour quelque chose et pour beaucoup plus dans celle du particulier aisé, à qui il est permis d'y ajouter encore plus d'importance.

Dans ces derniers temps, et avant moi, la taille avait déjà été attaquée. M. *Cadet de Vaux* avait proposé de la remplacer par l'arqûre. J'en ai parlé en son lieu, et sans prononcer sur son mérite, comme capable de remplacer la taille, je pense qu'on ne peut lui contester ses avantages. Il paraît que, dans son système, M. *Cadet de Vaux* supprimait au bout d'un certain temps, et quand il en avait tiré tout le parti possible, une partie de ses branches arquées; c'est bien là une espèce de recepage, et il n'avait pas tant de tort de dire que supprimer n'était pas tailler, dans le sens du moins qu'on attache à ce mot dans la pratique.

M. *Dupetit - Thouars* a proposé et exécuté dans la taille et la direction des arbres d'heureux changemens, et a publié dans divers ouvrages (*Essais sur la végétation, Recueil de mémoires sur la culture des arbres fruitiers,* etc.) des observations neuves et très-exactes sur la végétation et la fructification. C'est donner la mesure de mon opinion sur ses ouvrages, que de dire que j'en ai beaucoup profité.

M. *Sieulle* a aussi exécuté des innovations remarquables, et quelque degré de succès qu'on puisse leur assigner dans l'avenir, on lui en aura toujours de grandes obligations. Il paraît avoir le premier réduit en système et mis en pratique l'éborgnement (soustraction des yeux avant leur développement), moyen dont on tirera grand parti. Il dirige quelques poiriers d'après une méthode à lui particulière ; il est possible qu'il y ait quelque analogie entre ses moyens et quelques-uns de ceux que j'ai indiqués ; il est bien possible qu'on se rencontre sans s'être cherchés ; je n'en puis parler positivement, n'ayant point vu ses cultures.

Il eût été à désirer qu'avant de rien proposer, j'eusse pu exécuter moi-même ; les essais que j'ai faits sont si nouveaux, si peu nombreux, qu'avec l'espoir du succès, et avec le succès lui-même, je n'oserais en parler ; mon temps et ma position ne m'en ont pas permis de plus étendus. Je n'ai pu en faire aucune application à la conduite des espaliers, ni préjuger en rien la possibilité de cette application ; à peine ai-je pu jeter un coup d'œil sur la végétation et la fructification des arbres à noyau, aussi n'en ai-je rien dit. Je ne puis donc prétendre à donner un système complet de direction des arbres à fruit, et je ne vise point à renverser la taille d'un premier coup : il eût fallu pouvoir la remplacer sur-le-champ, et le temps n'en est pas encore venu. Je crois cependant que les idées que j'ai jetées en avant pourront être de quelque utilité, soit à ceux qui s'occupent de perfectionnement, soit même à ceux qui, tout chauds partisans de la taille qu'ils soient, n'en dissimulent pas les abus, ou voudront bien les y reconnaître. On pourra bien me faire telles objections qu'on voudra ; mais, fondées ou non, la seule et la meilleure réponse que j'y puisse faire, c'est de dire : *essayez-en;* et c'est ce que je conseille, sinon aux praticiens, du moins aux amateurs qui ont quelques loisirs à sacrifier à des expériences utiles et agréables en même temps.

9 782329 736884